根性なしがWEBデザイナーに憧れて

久保なつ美

幻冬舎MC

根性なしが
WEBデザイナーに憧れて

何のために働くの？
誰のために仕事をするの？
私の気持ちは消していた
楽しい仕事なんかないと思っていた
明日どうなるか分からない
将来への不安は消えない
社会からおいていかれる不安
私の人生このまま終わっちゃうのかな？
でも私のやりたいことは自分の中にあった

小さい頃に好きだったこと

この手で何かを作ってみたい
私にしかできないことをしてみたい
クリエイティブに生きてみたい
ＷＥＢデザインという仕事に私は出会った
そこからすべては変わった
一緒に笑える仲間
高めあえる仲間
私の好きが誰かの役に立てると分かった
誰かを笑顔にできると知った
手を伸ばせば届く世界
私の居場所はここにあった

はじめに

はじめまして、久保なつ美です。

この本を手に取ってもらい、本当にうれしいです。

私は今、現役ＷＥＢデザイナーとして活動しながら、未経験からＷＥＢデザイナーを目指す方に、実践で使える技術を教えるスクールを運営しています。

スクールを立ち上げてから８年半、すでに２５００人以上にＷＥＢデザインの指導をしてきました。

YouTubeやInstagramでは写真や動画を発信していますが、こうして文字で何かをお伝えすることは私にとって珍しいことなので、少しドキドキしながらお届けしています。

これから本編でかなり赤裸々にお伝えしていきますが、ＷＥＢデザイナーを目指す前の私は、本当に〝ポンコツの根性なし〟でした。

学生の頃から勉強するのが苦手。人見知りで責任やプレッシャーに弱く、苦手なことを克服する努力もできればあまりしたくない。コンビニのアルバイトでプレッシャーを感じすぎて、1日で逃げ出してしまうような社会人。

とにかく仕事や働くということに苦手意識を持っていました。

私にとって、働く＝我慢すること。

そんなふうに思っていたから、「生きていくために仕方がないけれど、できれば働きたくない」というのが本音でした。

なんとかやる気を出そうと思って、よくある〝自己啓発本〟とやらを読んでもどこかピンとこないし、「成功」や「自由」なんて、自分には縁遠い感じがしてしまう。

どうしても……どう頑張っても……やる気が出ないから仕方がない。

「ドラマで憧れたセレブには一度なってみたかったけど、今世では可能性なさげだな、来世に賭けるとするか」と、20代にして早くも諦めている。

そんな〝まったく夢のない若者〟の私でした。

「できれば働きたくない」と思っていた私でしたが、ある時「お菓子を食べながら仕事ができそうだから」と、これまたなんとも軽い動機でクリエイティブ業界に足を踏み入れてしまったことで、人生が一変します。

社会人にまったく向いていなかった根性なしの私が、今では、
・会社の№2となり会社の中核として働いていたり
・金曜日よりも月曜日が楽しみと思える1週間を過ごしていたり
・SNSで何万人もの人にフォローいただいたり
・何千人もの受講生が来るスクールを立ち上げたり
・国内外のTVにも出るような著名な方たちと一緒に講演したり
・私自身もTVに取材され、特番を作っていただけるようになったり
これは本当に私の人生なのだろうか……!?と自分でも不思議に思うほど充実した楽しい毎日を送れるようになりました。

すごく壮大でかっこいい目標や夢を持っていたわけではないのですが、

「できれば働きたくないけど、WEBデザイナーにはなりたい」

このたった一つの「職種志望」だけで苦難を乗り越え、そこから人生の教訓たるものを学び、好きなことで社会の役に立てるようになったのです。

金なし・スキルなし・根性なし。どん底だった私を救ってくれたのは、自己啓発本でも白馬に乗った王子様でもなく、なんと！　びっくり！「WEBデザイナーというお仕事」でした。

やる気も根性もあまりなく、どちらかというと怠け者でしたが、これは好きだと思える職業に出会えたことによって、私の人生は救われました。

この本の前半では、スキルゼロで引きこもり状態だった私が、仕事が大好きと言えるようになったストーリー、そして２５００人以上の人生を変える校長になるまでのストーリーをお伝えします。

私のこれまでの苦悩をそのまま包み隠さずにお見せしています。何度も失敗しながらも、続けていたらどうにかなるということを私は身をもって体験してきました。

情けなく、正直お伝えするには恥ずかしいお話もたくさんあるのですが、なかなか挑戦する勇気が出せない、今苦しい思いをしている、人生を変えたいのに一歩目が踏み出せない、そんなあなたを少しでも勇気づけられたらとてもうれしく思います。

そして本の後半は、「心の守り方」についてのお話です。私がどうやって自分の心を守ってきたのか、具体的なメンタルケアの方法をまとめました。

仕事を頑張っていたら、どうしても心がつらくなるときがあります。挑戦しているから経験する苦しさや心の疲れがあります。特にクリエイティブな仕事は正解がない世界なので落ち込むことも多いです。これまで心がつらくなってしまってデザインの仕事を辞めてしまう先輩や後輩をたくさん見てきました。

ただ、解決する方法がないわけではないと私は思っています。考え方次第で、意外とあっさり乗り越えられることもあります。苦しくなったときに行動や習慣を変えることで心を守ることができます。

私がこれまでの経験から身につけた心を守る方法を、ぜひあなたにお伝えできればと思っています。頑張っているあなたの心をなんとか守りたい！　そんな想いでまとめたので、お役に立てばとてもうれしいです。

誰だって一度は思ったことがあるはずです。
「自分にしかできないことをしてみたい」
「自分に自信を持てるようになりたい」と。
それを叶えてくれたのが、私の場合はクリエイティブな世界・ＷＥＢデザイナーという仕事でした。

あなたが今自分に自信が持てないとしたら、それは「才能がない」わけでも、「根性がない」わけでもないかもしれない。まだ好きなことや、やりたいことが見つかっていないだけかもしれない。

まずは何か、なんでもいいからスキルを身につけることができれば、見える世界や気持ちが大きく変わります。目指すものがあれば人は頑張れることを、私はこの本を通して伝えたいです。

毎日楽しく働くことは夢じゃない！
セレブになるのも夢じゃない！

あなただけのサクセスストーリーを、一緒にはじめましょう。

Chapter 1
金なし！ スキルなし！ やる気なし！ 超ポンコツ社会人が校長先生になるまで

Chapter 2
こわがりで傷つきやすいあなたに贈る 上手な心の守り方と幸せの見つけ方

Sea

HAPPY

Chapter1

金なし！ スキルなし！ やる気なし！

超ポンコツ社会人が校長先生になるまで

改めまして、株式会社日本デザイン、S級社員の久保なつ美です。

WEBデザイナー歴15年、パソコン1台を小脇に抱えて、東京・池袋にあるオフィスやWeWork、たまにおしゃれなカフェのテラスで作業したり、後輩のスタッフたち、お客さんや起業家さんたちと曜日を問わずに旅行をしたり、会社員でありながら、フリーランスのように自由に働かせてもらっています。

YouTubeやInstagramでは、合わせて10万人以上の方にフォローいただいていて、私が立ち上げたスクールも90期を超えて、2500人以上の卒業生を世に出してきました。うれしいことに、「久保さんは私の憧れです!」「久保さんみたいになりたいです!」というメッセージをよくいただくのですが、今でも不思議な気持ちでいっぱいです。

なぜなら、

・高校時代、遅刻が多すぎて指定校推薦取り消し

- 2年の留学に行くはずが、たった10日で帰国
- 就職の面接も15社連続で落とされる
- うつの「引きこもり」を2度も経験
- やっと入ったデザイン会社ではポンコツすぎて涙の毎日
- 私服まで「ダサい」とツッコまれる

数年前までは、これが私のありのままの姿だったから。

ごくごく普通の一般人、より低いかも。センスもなければ不器用で、忘れ物も多くてよく呆れられるくらい、頭もあまり良くはありません。

そんな活躍の可能性のカケラもなかった私が、どうやって社会に適応し、好きを仕事に変え、みんなに喜ばれながら結果を出せたのか、実際の出来事を隠すことなく、あなたの学びになるように少しだけノウハウっぽくしながらエピソードとしてお伝えしていきます。

ダメな自分を受け入れて、一歩踏み出すのはすごくこわい。

でも、ダメな自分のまま生きていくのはもっとつらい。

そう思いながら、ちょっとだけでも明日の未来を良くしようと、変わり続けてきたから見えた世界があります。

人気のビジネス書のように、ノウハウだけをまとめた本ではありません。

だから、この1冊で学べるノウハウは少ないかもしれませんし、少しだけ回りくどく感じる人もいるかもしれません。ですが、この本に書いてあるのは100％、すべて私が体験をして気づいたノウハウだけです。

だからこそ、あなたにはより分かりやすく、気づきを得やすくなっているはずです。

今このメッセージを読んでくれているあなたは、名前も知らない他人のエピソードなんて、と思うかもしれませんが、最後まで読んでいただければきっと、あなたの人生が変わり始めるきっかけになると信じています。

この本を最後まで読み終えるくらい勉強熱心なあなたなら、ポンコツだった私にできたこと以上の変化や成功を手に入れることができるはず。

あなたの隠れた可能性が拓かれるように「私にも真似できることがあるかも」と思いな

がら読んでいただけるとうれしいです。

★流され続けてラッキーパンチ

1986年生まれ、久保家の次女、久保なつ美。

勉強は得意じゃなかったけれど、図工の時間と揚げパンとカタ焼きそばが楽しみな、ごく普通の女の子でした。

久保家の長女は、美人で器用で生き方上手。そんな要領の良い姉と自分を比べて、凹むことも多かったけど、学校の勉強は私のほうがちょっとだけできて、ぼちぼちの通知表を家に持って帰っていました。

本格的に勉強に苦手意識を持ち始めたのは高校に入ってからのことです。

教科書の文字が呪文のようになり、部活が楽しくて教科書を積《つ》ん読《どく》したりで、学年と学力は反比例するようになりました。

勉強する意味なんて誰も教えてくれないし、将来やりたいことなんてないし、とにかくやる気が出ません。とりあえず登校、とりあえず出席、とりあえず授業。そんな私は、進路希望調査を白紙で出してしまい、先生から呼び出されます。

「久保さんはもっと自分の人生を考えないと、不幸になるよ」と人生の先輩に言い放たれ、真剣に考えたものの、高校の頃って自分の人生なんてなんも見えません。恋愛話のほうが面白いというのが正直なところでした。

そんな私の当時の楽しみは部活くらいでした。学校には、勉強ではなくダンスをするために通っていたようなものです。学校に行って、授業をやり過ごし、放課後はダンス部の友達と踊って、日が暮れるまで学校近くの高速道路の下にある公園で練習に励む毎日。なんの取り柄もない私でも、ステージに立つときだけはキラキラできている気がして、とても気持ちが良かったのを今でも覚えています。

ただ、ダンスがプロになれるほど上手なわけでもなく、学祭で友達に「良かったよ！」と言ってもらって満足していた程度なので、プロになるなんて夢のまた夢。好きなことで生きていくのは無理だと悟ります。

ダンスは大好きだけどプロにはなれない。

でも学校で勉強を頑張る気にもなれない。

夢を見ることは諦めた一方で、勉強に追われる悪夢はよく見てました。相当嫌だったのか、大人になった今でも時々、同じ夢を見てしまいます。

それくらい勉強嫌いな私ですが、大学に行かないと将来危ないぞという脅迫テンプレートを真に受け、指定校推薦をもらわねばと一夜漬けで定期試験を頑張っていました。

一夜漬け作戦で定期試験をクリアした私は通知表もぼちぼち良いほうでした（一夜漬けしかできないので、定期試験以外の成績は最悪でしたが）。

ところが、ある日。

「えっ？　指定校ないんですか!?」

高校3年生の夏休みが明けた9月。先生は言いました。

「久保さんの指定校推薦はないです」と。

いったい何が起こったのか?とポカン顔の私に対して、

「何回も言ってたでしょ。20回以上遅刻したら指定校はなくなるよって。久保さん先月で20回目だったから、指定校は受けられないの」

呆れた顔で見せられた私の遅刻表には、確かに20回分の「遅」の文字が。

先生が「遅刻20回したら指定校推薦なくなるよ〜」って言っていたのは、ただの脅しだと思っていたのに……オーマイガ。朝起きるのが苦手な私は、「遅」の文字20個で指定校推薦の道をあっさり失ってしまいました。

受験本番まで半年を切った秋。学校で受けた模試の結果はオールE。頭だけが足りなかったはずの私は、時間までも足りなくなってしまいました。なんてこった。

そもそも「みんな大学に進学するらしいし、私も行っておくか」くらいの覚悟だったので、行きたい大学も、学びたい学科もありません。

とはいえ、就職の道を選んで、半年後に社会人になっている自分も想像つかないし、専門学校に行って学びたいこともない。何校かオープンキャンパスに足を運ぶものの、つまらない話をする教授と、つまらない顔をする大学生の地獄絵図。忍耐力のない私は、1時間も耐えられずに即帰宅。

進路、どうしようかな。

行きたい大学なんかないよ……。

そう思いながら学校から借りてきた昔の電話帳くらい分厚い大学大全をペラペラめくっていました。ふと目に入ってきたのは、アメリカにある大学の日本校のページ。そのとき、テレビで日本とアメリカの教育方法の違いについて流れていたことを思い出しました。

日本の教育は、教科書を丸暗記するだけだけれど、アメリカはとにかく考えることが大切で、自分の意見を持つ教育をされる、と。

例えば、日本では「1185年に鎌倉幕府ができた」と教わるだけですが、アメリカの学校では「この出来事をあなたはどう思うか？」と考えさせられるそうです。

ただ教科書の内容を教わるだけの毎日に飽き飽きしていた私は、「アメリカの大学なら、私でもワンチャン行きたいと思えるかも」と思いました。

よく分からないけど、とりあえず行ってみよう。

周りの友達はとっくに進路を決めています。悩む時間も残されていなかった私は、すぐにオープンキャンパスに参加しました。

「英語もあんまり得意じゃない私でも大丈夫かな」

そんな私をキャンパスで出迎えてくれたのは、すっごくキラキラ輝く先輩たちでした。

「私も入学するか悩んだから、後輩たちの参考になればうれしいです」

「先生にも両親にも反対されたけど、なんとか説得して入学しました。最初は不安もあったけど、毎日すごく楽しいです」

そう笑顔で話してくれる先輩たちは、数週間前にほかの大学で見た学生とは大違い。

なんだここは、本当に大学なのか？

アンチ大学派になりかけていた私が、「ココ！　ココに行きたい！」と決めた瞬間でした。そのくらい、当時の私にはとにかくキラッキラに輝いて見えたのです。

家に帰ってすぐ、両親に報告しました。

「すっごくキラキラしてて、ほかと比べ物にならないくらい先輩が楽しそうだった」

「そうなんだ。そういうところのほうが、なっちゃんには合ってるかもね」

「私もそう思った。だから受験しようかなと思ってる」

「そっかそっか。それは良かったね。頑張って」

ありがたいことに、母親はいつも私の応援団長。興味を否定せず、応援してくれます。

おかげで、特に理由もなく志望校の欄に書いていた大学は、ワクワクしたという理由で海外の大学に置き換えられました。

「行きたいところが見つかって良かったわね」

遅刻をしすぎて見捨てられたかと思っていた先生も、その大学に行った先輩の話や試験の資料を集めて、応援してくれました。

私は無事、応援団の協力により進むべき道が見つかり、合格まで進むことができました。

★根性なし、海外留学を10日で脱落

夢は叶った。ついに私のキャンパスライフが始まる。難しそうだけれど楽しそうな授業、ちょっと大人なダンスサークル、週末はおしゃれなカフェでバイトなんかして、キラキラ三重奏を奏でるぞ。お気づきのとおり、このときの私は、浮かれモード。今の私が当時の自分を見たら、バナナを前にしたサルにしか見えないくらい（ちなみに動物占いはサル）、ウキウキの毎日。

ところがどっこい、高校最後の春休みを終えて入学した私を待っていたのは、美味しいバナナではなく、消化不良を起こしそうなくらい大量の課題たち。

確かにアメリカの大学は教科書丸暗記は通用しない、入学より卒業が難しい、と聞いていたけれど、その大変さは想像以上でした。

ちょっと補足すると、アメリカの教育は、日本の教育と違い、自主学習の量が非常に多いです。カレーに例えると、日本は家庭科室で野菜とルーとお米とレシピを与えられ

「さぁ、カレーを作ってください」と言われるところ、アメリカは駅前集合の何もない状況で「さぁ、カレーを作ってください」と言われるようなもの。

これからやることや学ぶことに対して、材料をそろえたり、それが何かを調べるところからしなくてはなりません。ゆとり教育の中でさえ劣等生だった私は、ゆでガエルを通り越して熱湯に入れられたカエルのようなもの。まったくゆとれません。

暗記をすれば丸をもらえるテストはなく、毎回自分の意見を求められます。

「あなたは、どう思うの？」

どう思うも何も「その話、わたくし初耳です」となってしまうので、授業の範囲は毎回予習しなくてはなりません。

期末レポートを出せば単位は楽勝なんて授業もなく、毎週毎週モリモリのレポートを求められます。勉強しても勉強しても分からないことだらけ。私は移動中も、ちょっとした空き時間も、現代人のスマートフォン並みに教科書を開き続けていました。

そんなハードな大学時代、特に印象的だったのはデザインの授業。ここでデザインと出会います。

「このソフトを使って、CDのジャケットを作ってみましょう」

と言われ、得意の猿真似でなんとなく作ってみたら、教授から一言「いいね！」。

授業の目的は、良いデザインや売れるデザインを作ることではなく、自分で考えて作ることでした。だから、その「いいね」は「上手」という意味ではなかったのですが、楽しくピコピコ動かしただけの作品が褒められて、私はちょっとその気になります。ひょっとしたらセンスあるのかもしれないぞと。

私は大学生活をエンジョイしていました。

- 難しいけれどワクワクできる授業
- キラキラしている教授や学生たち
- 大好きなサークルの仲間たち

この時期は、今振り返っても100％といえるくらい「人生って楽しいジャン！」と喜びに舞っていました。が、そんな喜ぶ私にちょっと待ったと、お決まりの落とし穴が待っていました。

この大学は基本、2年間の短期大学。4年制大学卒業と同じ資格を得るため、ほとんど全員がアメリカの提携大学に2年間留学に行きます。

私も短大を卒業して、ついに、

「なっちゃん、頑張ってね」

「たまにはテレビ電話しようね」

「いつでも帰ってきていいからね」

なんてドラマみたいな見送りを、空港まで来てくれた家族やアルバイト仲間、サークルの後輩たちからもらい、アメリカへと華々しく飛び立ちました。

飛行機から見た日本が、小さくなっていく。

2年後には、英語がペラペラになって、就職先も選び放題。考え方も大きく変わって、やりたい仕事も見つかって、まさにバリキャリ。順風満帆なライフ&ワークを送っているのだろう。なんて、まだ見ぬ未来にワクワクしていました。

そして、10日後。私は日本にいます。

私は再び、日本の土を踏んでいます。懐かしさはありません。私のアメリカンライフは、2年間どころか、2週間も持ちませんでした。

なんと私はホームシックになってしまったのです。

慣れないアメリカの地と家族と離れてしまった恐怖で、突然不安が爆発してしまったのです。学長夫人が心配をしてくれて、優しく話を聞いてくれたのですが、やっぱりだめ。食欲も徐々になくなり、夜も眠れなくなってしまいました。数日後、耐えられなくなり母に電話しました。

「おかん、帰りたい」

母はなんとか思いとどまらせようとしましたが、日に日に弱っていく私を見て、

「いいよ、帰っておいで」

その一言で私は帰ります。不安になってしまった理由はいくつかあります。

でも今になって冷静に振り返ってみて思うのは、「絶対に何かを学びたい！」という思いがなかったからだと思います。

とりあえず留学すれば、やりたいことが見つかるはず。

2年も海外にいたら、英語はペラペラになるはず。

アメリカに行けば、きっとキラキラした毎日になるはず。


そんな、ふわっとした考えしか持っていなかったから、ちょっとした現実とのギャップに負けたんだと今なら分かります。


こうして、僅か10日のショートトリップで幕を閉じた私の留学生活。

「日本に帰ってきたら、きっと不安もなくなって新しい人生を歩めるはず」

十何時間もの飛行機の中でそう思っていた私ですが、私を待っていたのはつらい毎日でした。

★ニート、デザインを学んだのに

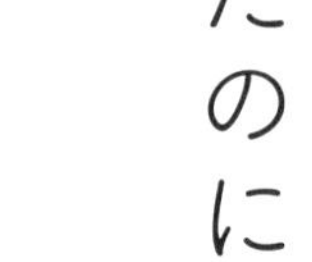

「なっちゃーん、お仕事に行ってくるね！」

「はーい、気をつけてね」

サークルの仲間にも、アルバイトの仲間や先輩たちにも盛大に送り出してもらったのに。たった10日で日本に戻ってきちゃったなんて、絶対に言えやしない。

こういう、誰にも会いたくないタイミングに限ってばったり街中で会ってしまう気がして、気づいたら引きこもりに。朝起きて、仕事に行く両親と姉を送り出し、ぼーっとテレビを見ながらちょこっと家事をして、あとはベッドでゴロゴロしながらマンガを読んだり、再放送のドラマを見たりするだけの生活。

留学先で使うべく頑張って貯めた貯金も少しずつ減っていき、気づいたら数字がたったの3ケタ。おかんも、引きこもる私を見て「このままじゃ、なっちゃんが負け犬になってしまう……」と心配し始めたので、さすがに「なんとかせねば！」と思い、リハビリ生活が始まります。

大学時代にいくつかアルバイトをするなかで、私はただ単に働くだけではなく、興味を持てる仕事じゃないと続けられないなと感じていました。

だから、ＷＥＢデザインとか、パソコンで何か制作したりするクリエイティブな仕事がいいなと思い、とりあえず「未経験ＯＫ」と書いてあるアルバイトに片っ端から応募。

地元のファミリーレストランでドリンクバーの紅茶をズルズルすすりながら、やる気と熱意を込めて１枚ずつ、なんと合計で15枚も履歴書を書きました。

しかし、その努力もむなしく、返ってきたのは、15枚の不採用通知。ご丁寧に「ご活躍をお祈りいたします」って書かれても！　祈るくらいなら私を雇ってくださいよ！という声も届かず、さすがに15社も送ればどこか雇ってくれるでしょ、なんて甘い考えを持っていた私は、コテンパンにやられてしまいました。

なんでや！　なんで雇ってくれないんや！

まだ20代前半。こんな若くして、仕事に困るなんて思ってもいません。Google先生にいろいろ聞いてみると、どうやら「未経験」と「スキルなし」は意味が違うらしいことが分かりました。

ＷＥＢデザインのようなクリエイティブな仕事は、実際にデザイン会社に勤める経験はなくてもいいけど、デザインを作るスキルはないといけなかったらしい。そりゃ15社から落とされるわけですよ。どんまい、自分。

悔しい、つらい、と落ち込む一方で、「ということは、スキルを学べば受かるってことか！」なんて、ポジティブに受け取っていた自分もいて、ＷＥＢデザインを学べるスクールを探して、そこで学ぶことを決めました。

ニート生活を送っていた頃から一変し、履歴書を書いたりデザインのことを調べたりと、少しずつ元気になってきた私を見て、母は「スクール代、出してあげるよ」と言ってくれました。

留学でアメリカの大学に払う予定だった授業料やホームステイのお金を、デザインスクールの受講料に充てていいと言ってくれたのです。

おかん、本当にありがとう。よし！　頑張るぞ！

私は半年ほどでＷＥＢデザイン関係のスキルがひととおりマスターできるという大手スクールの「ＷＥＢディレクターコース」を選択。

家だとぐうたらしてしまいそうだし、何よりリハビリも兼ねて人と話したかった（欲をいうと友達が欲しかった！）ので、教室に毎日通ってレッスンを受けていました。

今度は国内だし、というかそもそも家から通っていてホームシックにはならないから安心。仕事もしていなくて暇なので、とにかく毎日、1日2、3時間だけでも受けに行っていました。

でも、通い始めて1カ月もしない頃から、私は違和感を覚え始めます。毎日、隣と仕切られた狭いスペースで、孤独にレッスン動画と向き合い、分からないところを先生に聞くだけ。

先生は現役のプロって聞いていたのに毎日スクールにいるし、作品見せても「いいね！」しか言ってくれないし……。

そういえば、友達できてないや。

大学の授業ほど期待はしていなかったけれど、友達と話して、頑張ったら褒め合って、時には厳しい課題を与えられたりしながら、WEBデザイナーを目指してスキルアップしていくものだと思っていたのに。

レッスンに期限もなく、次に来る日を自分で決めて予約するスタイルだったのもあり、コースの半分をこなしたあたりでリタイアしてしまいました。おかん、せっかく払ってくれたのにごめん。

それでも、3カ月もまじめに頑張った私は、PhotoshopやIllustratorをそれなりに扱えるようにはなっていました。

スクールで見本を真似て作った作品を添えて、いくつか気になった会社に履歴書を送ったところ、なんと1社、雇ってくれることになりました。私がまだ年齢的に若かったので、なんとか戦力になりそうだったのだとか。

今回も半分以上の会社からは落とされた分、雇ってもらえたありがたさは心に沁みました。捨てる神あれば拾う神ありです。

ようやく、久保なつ美、人生第二章。始まりの予感。

ここで私が経験したのは、平坦ではない、アップダウンの激しい社会人生活でした。アルバイトという形ですが、なんとか就職できた、フリーペーパーの会社。なんとスタッフが3人しかいないという、超スタートアップのベンチャー企業でした。

先輩のデザインを見て学びながら頑張る毎日。分からないことだらけでつらいときはあるものの、自分の作ったデザインが小さく掲載されているのを見ると、頑張ってよかった〜！という気持ちになりました。

私が作ったページが載るたびに、そのフリーペーパーを持ち帰って、父・母・姉・当時飼っていた猫のマメにも得意顔で見せていました。

しかし、入社して半年。始まりは終わりを迎えます。

ようやく仕事に慣れてきたタイミングで「うちの会社、もうすぐ潰れるかもしれない」と先輩から聞かされます。

そしてどうやらその噂は本当だったらしく、未経験でアルバイト、スキルもたいして持っていない私は社長に呼び出され、「来月から来なくていいから」と、月末3日前にクビを宣告されました。

★ダメダメな私の、絶望的な職務経歴書

1社目の会社でまさかのクビになってしまい、久保再び無職。

やっとフリーペーパーのお仕事に慣れてきたところだったのに、どうして私はこうも運がないのだろうか……。

まさかの事態に数日間は落ち込んでいましたが、落ち込んでいても毎日暇なだけと経験から学んでいるので、私は再び転職活動を始めました。

前回とても苦労した転職活動。今回も当然落ちまくるはず……と思っていたのですが、思いのほかすぐに2社目のチャンスが訪れます。うれしいことにフリーペーパーでの経験（と言っても数カ月）を評価され、ある中学生向けファッション誌の編集部に採用されました。なんと、倍率は100倍。

私は小学生の頃から雑誌が大好きで、憧れのお仕事だったのでとてもうれしく、「よろしくお願いします！」とお返事し、すぐにお仕事をスタートしました。

「憧れの雑誌のお仕事で毎日楽しく働けるかも」
「有名な雑誌だからきっと今度は大丈夫」

次こそは！とやる気に満ち溢れていた私でしたが、今度は別の試練が待っています。
当然ですが、雑誌のお仕事は甘くないのです。憧れのお仕事の現場は超ハードモード！でした。

今でも覚えているのが、出社2日目、朝6時から深夜0時まで、雑誌モデルさんの撮影同行をしたこと。

「撮影現場では、自分は誰よりも下だと思って行動しなさい。ご飯は誰よりも遅く食べて、早く食べ終わりなさい」

「プロのカメラマンさん、ヘアメイクさん、モデルさんは何年も修業をして苦労の末に撮影現場に入っているのに、編集部のアシスタントは入社直後に現場に入れるんだよ。だからこそ一番努力しないといけないんだよ」

先輩にはそう教わっていました。その言葉を受けて私はこの日現場で座ることなく、立ってみんなの手伝いをしていました。家に帰ると緊張の糸が切れて、疲れが爆発。

「果たして明日からやっていけるのか……!?」と雲行きの怪しさを感じました。

無知で入社前にはまったく分かっていなかったのですが、編集部では新人は終電まで働くのが基本。朝イチ掃除のために出社したら2、3人の先輩が机で寝ていて、シャワーを浴びに帰宅されるというのは珍しくない光景です。

「100人中の1人で受かったんだから、私は絶対辞めないよ」と言っていた同期が、1カ月くらい経ったある日鼻血を出して退社。

私は割と早くに帰らせてもらえることも多かったのですが、自分の将来を考えたときに「この働き方ではたぶんもたないな」と感じてしまいました。

さらにこの時担当していた仕事は編集であって、フリーペーパーを作っていたときとは違い自分でデザインすることはできず、寂しさもありました。

毎月締切に追われるプレッシャーとデザインができない悲しさのダブルパンチで、結局私はこの会社も6カ月で辞めてしまいました。

今から思うと、この時は、仕事の楽しさや喜びを受け取れていませんでした。業界でも有名な伝説の編集長さんに指導を受けて、普通は立ち会えない現場でお仕事をさせてもらうのはかなり貴重な体験でした。けれど、プレッシャーに心が負けてしまい、職場でも自ら心を閉ざしてしまっていたのです。

最後に散々お世話になった先輩に「……辞めます」と伝えるのは情けなさすぎて、1社目をクビになった時よりもつらく、先輩にはお礼の手紙を書いて渡しました。

こうして高倍率の中で選んでもらった恩も返せず、またまた無職になった私。

忙しい毎日から解放されたと思ったのも束の間、また無職になってしまった情けなさで、すっかり無気力になってしまいました。

「2社目でも頑張れなかった……。もうデザイナーになれる気がしないよ」

そんなふうに家で鬱々としていたら、姉からある提案をされました。

「あんたホント病みすぎてるから、旅行に行くよ！」

「鬱だから行きたくないよ」

「家に引きこもっててもなんにもならない。いいから行くよ！」

姉は私が毎日家でぐうたらしていたのを見かねて、海外旅行に連れ出そうとしていたのでした。


「無職でお金もそんなにない。こんなどん底でハワイに行くってどういうこと⁉　全然行きたくないよ」と思いましたが、姉が毎日のように「ハワイ行くよ！」と誘ってくるので、私はしぶしぶ誘いを受けることにしました。


半ば引っ張られる形でハワイへ。

旅行は計画をぎっしり詰める派の姉に連れられて、買い物にディナーに海水浴に……、と忙しいリア充スケジュール。２人並んで海岸で昼寝をして、椰子の木の下でのんびり過ごすというセレブのような１日もありました。

「ピンチだけど、こうしてハワイに来られて幸せな時間を過ごせたのだから、もしかするとこの先は良いことがあるかもしれない」

ハワイの優しい空気や美しい大自然に触れているうちに、単純な私はだんだん元気になっていきました。姉が鬱の私を強引に連れ出してくれたおかげで、もう一度頑張ろうと思えたのです。

姉よ、ナイス！　ありがとう！

こうしてハワイで気力を取り戻した私は、帰国後に前から気になっていた会社に履歴書を送ります。

今度の会社は編集ではなく制作会社です。名刺やバナー、ホームページを受注している会社で、社長自身がクリエイターというベンチャー企業。編集ではなくて自分で作れる職場がいいと思ったのもありますが、社長がピアスを着けていてヒップホッパーみたいな服装で、なんだか楽しそうだなとピンときていました。

「落ちたら凹んじゃうな……」とビクビクしながら応募をしたのですが、この時もなんと一次審査、面接を順調にクリア。2社リタイアしているにもかかわらず、内定をいただけたのでした。

この時決め手になったのは、ポートフォリオでした。

フリーペーパーの仕事をしていた頃や雑誌編集の頃に作ったものや関わった作品を見た社長は、「採用っしょ！！」とその場で合格を出してくれたのです。

つい1年前、スキルなしで15社から落とされた私が、ポートフォリオのおかげで即採用してもらえた！！！

「こんなことならウジウジしていないで、早く行動していればよかったな」

自信をなくしかけていた私でしたが、クリエイティブ業界で頑張ったことが私の糧となっているのを、少しだけ実感することができました。

この制作会社も、残業がそれなりに多くて大変でした。

けれど、ようやく思い描いていた「クリエイティブ」な仕事ができるようになり、大変さよりも楽しさが勝っている感覚がありました。同期も5人いたので、みんなで夜遅くまで頑張って納品を済ませたあとには、会社でピザパーティーをしたりもしました。厳しいけれど優しい先輩がテキパキ教えてくれるので、スキルもメキメキ成長。

ちょっと特殊だったのは、クライアントがホストやキャバクラだったこと。この制作会社は新宿・歌舞伎町の近くにあり、夜のお店のポスターや名刺の依頼が多かったので、ほかの業界ではなかなか見られないきらびやかなデザインがすごく新鮮でした。

デザイン制作はすごく楽しかったのですが、次第に、ここでの仕事も苦しくなってきます。今度は制作スピードが課題でした。

「このくらいだったらもっと早く作れるでしょ」

「これ、30分以内で仕上げてね。はい頑張って」

そう言われ続け、しまいには机に砂時計を置かれてしまう状況。

デザイン力はとても高いのに、社長の人の良さで割と低単価でお仕事を請け負ってしまう会社だったので、早くたくさん作らなければいけませんでした。好きだったＷＥＢデザインの仕事のはずが、「遅いよ！」と怒られる毎日。スピード重視の仕事だから、仕方ないのは分かっているけれど、しんどいな、と思ってしまったのです。

当時の私は、楽しい仕事がしたくて、楽しいと思えるデザインを頑張って学んで、何回か転職をして、ようやくデザイナーになれたのに。

なんで、こんな目に遭わないといけないの。

そう感じてしまい、デザインが楽しくなくなってしまいました。結局この制作会社も、1年くらいで辞めてしまいます。たった2年で3回も仕事を辞めてしまう私。ホントダメダメです。

今思えば、作るスピードが遅いのは私のスキル不足だし、もっと単価の高いデザインに挑戦できるようになっておけばよかったんですが、当時の私にはそれが分かりませんでした。

好きと思えることですら一人前になれないなんて、私ってセンスないんだなあ。好きなことさえ、まともにできない私に、何ができるんだろう。

「好きを仕事に」と思い続けていた心に「私には無理」の思いが入り込んでしまい、まるで真っ白な紙に折り目がついたような気持ちでした。

デザインの仕事を辞めてしまった私は、再び転職活動をするような元気も湧かず、ぼーっと何もしないまま一日が終わる、そんな病み生活がまた始まりました。

もう、デザイン会社では働きたくない。
だけど、デザイン以外に私にできることはないし。
そんなことばかり、ぐるぐる考えていました。

結婚して仕事は辞めて専業主婦になっちゃおうと思っていた時期もあったのですが、当時、「この人となら結婚してもいいかも」と思ってお付き合いしていた男性とも別れてしまい、もう私には何もないと感じていました。

友達はしっかりキャリアを積んでいたり、結婚してママになった子もいたりするのに、ニートの私は毎日ゴロゴロしているだけ。仕事もプライベートもうまくいっていない私は、働くこと、生きることに絶望していました。

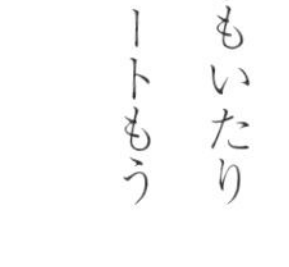

★人生の転機は突然に

「ホントにデザインやりたいのかな……」

「そもそも、何をやりたいんだろう……」

デザイン会社を辞めた私はまだ、人生に悩んでいます。

それなりに作れるようになっていたので、就職活動をすれば就職先はすぐに決まったと思います。

「デザインをやりたい。でも、デザインが怖い」

ワクワクよりもビクビクのほうが大きくなってしまい、家から出ることができずにいました。それを許してくれていた両親にも、毎日申し訳ないなと思っていました。人生2度目の「引きこもり生活」がしばらく経った頃、夜ご飯のときに、姉に話しかけられました。

「そういえばなつ美、明日って空いてる?っていうか、空いてるよね」

「え、あ、空いてるけど……」

「良かった。明日の夜空けといて!」

「え、何?」

「それは明日伝える。よろしく!」

姉とは仲が良いほうですが、こんな誘われ方は初めてです。急な誘いにびっくりしましたが、「これは何かありそうだ」と、私の温存しきっていた直感がピンときたので、誘いに乗ることにしました。実際予定はなかったですし（笑）。

その直感は見事に当たりました。姉は、デザイン会社に入り楽しそうに奮闘していた私が、一気にニート病み時代に戻ったことを心配して、私に合いそうな交流会に連れて来てくれました。豊洲のタワーマンションの最上階にある、メゾネットタイプのお部屋でのホームパーティー。まさしくセレブが住むような場所というイメージでした。

ですが私は人見知りで病み中のニートなので、玄関横の壁に貼り付いて動くことができませんでした。そんな私を見かねて参加者の一人が声をかけてくれました。


「今日、初めて？」

「はい」

「こういうのよく来るの？」

「いいえ」

「なんで玄関？　誰か待ってるの？」

「はい」

なんというコミュ力不足。渋谷のハチ公も驚くほどじっとその場から動きません。そしてお気づきのとおり、姉はまだ来ていません。私も外で待っていればよかったのですが、戦闘力ゼロの私だけ先に入ってきてしまいました（涙）。

姉、遅れて登場。


「あんた、入り口で何やってんの？」

「待ってた」

「そうなの。誰とも話してないの？」

「うん。あそこのメガネの人が話してくれた」

「そう、あの人、頭いいから仲良くしとくといいよ」

「え」

（私は姉に連れられるまま）

「これ、私の妹です。この子、デザインやってるので紹介しようと思って」


というふうにコミュ力高めなうちの姉に紹介してもらったのが、今一緒に働いている、

そして人生で最もお世話になっている、日本デザイン社長の大坪さんです。

大坪さんの第一印象は、クールで無表情。人と話しながらも周りを見渡していて、何を考えているのか分からない人でした。最初はナンパだと思っていたけど、あとで聞いたら、一人ぼっちでかわいそうだと思われていただけでした。なんとお恥ずかしい。

「デザイン歴はどれくらい？」

「3年ほど」

「そうなんだ。今は何をしてるの？」

「えっと、今はフリーで、デザインの仕事をやったり、やらなかったり（自宅で寝てばかり）」

言ってしまった。3年なんてウソ。いや、ウソじゃないけど、ホントでもない。途中で疲れちゃって、休んでいた期間も含めているので、実務の経験値でいうと3年のうちの1年ちょっと。でもうまく答えられずに、勢いで3年と答えてしまったのです。

大坪さんも、今ほど人を一目で見抜くスキルがなかったので、私のことを「デザイナー」と認識してくれました。大坪さんは、デザイナーと名乗っただけの私に対して、「デザインの案件を抱えすぎてて、手伝ってくれる人を探してたんだけど、よかったら一緒にやる？」と声をかけてくれました。

デザイン以外の仕事も考えないとな、なんて思っていた頃です。好きだと思えたはずの仕事なのに、せっかく雇ってもらっても続くのは半年か長くて1年。正直センスもないので、同期のほうが上達が早かったり、また迷惑をかける気がして、怖い気持ちになりました。

ですが、姉がくれた機会、何か意味があるかも。これでダメだったら、本当に向いてないんだ。これはデザインをやるラストチャンスだと思い、お手伝いを始めることにしました。


私は昔から頭が良いほうではないのですが、「これだ！」と直感的に感じたものが、あとで良い結果につながることがたまにあります。大坪さんを紹介してもらったときも、「何か面白そう」「この人に付いていったら、良いことあるかも」という何かを感じ取ったんです。

というわけで晴れてこの日から、私のデザイナー人生が本格スタートしました。

大坪さんのもとでデザインをすることになった初日のこと。久しぶりにデザインできるのがうれしくて、ウキウキした気持ちで大坪さんに呼ばれたカフェに向かいました。

当時はまだ会社ではなく、個人事業主の大坪さんとお手伝いの久保という、桃太郎とお供スタイルだったので、オフィスを持たずに商談のときだけどこかに出向き、普段は池袋にある外国風のカフェでノートパソコンを並べて作業という働き方でした。

今は当たり前の風景ですが、当時はノマドも少なく、ましてやデザイナーはデスクトップパソコンが当たり前で、打ち合わせに使う人はいても、カフェで仕事をする人なんて私たちくらいしかいませんでした。当時は気づかなかったのですが、十数年前から大坪さんは時代の先を行っている感じでした。

「大坪さん、よろしくお願いします！」

「おはよう、じゃあ、この作業からお願いできる？」

緊張しつつ挨拶をしたのですが、返事もそこそこに、最初に渡されたのは事務仕事。

（デザインの仕事じゃないんかい）

勝手な期待と裏腹に、まずは与えられた事務仕事から手伝うことに。ただ、数時間して、大坪さんの「異常さ」に気づきます。

まず、案件の数が普通じゃない。制作会社に勤務していた頃に私が（猛スピードで！）1カ月で作っていたデザインの量を3日〜1週間でこなすスケジュールを組んでいました。私と比べてすごいのは当然ですが、前の職場と比べても、普通のＷＥＢデザイナー4、5人分の案件数か、それ以上はあったかも。

（この人、何者……？　ホントにこの量を一人でやってるの⁉　いや、今日はここにいないだけで、ほかにもお手伝いしているスタッフさんがたくさんいるのでは？）

それから、大坪さんに代わって請求書を作成中、単価の高さにも衝撃を受けます。

（えぇー！　前の会社と単価のケタが違うんだけども……！）


大坪さんのもとには、目ん玉が飛び出るくらい高単価な案件なのに、それが絶え間なく届いていたのです。数カ月待ってでも大坪さんに依頼したい、なんて声は結構当たり前。営業が必死に案件を拾ってくるけれど、低単価でデザイナーが疲弊している会社とはまさに正反対。そんな人が、ニートだった私を拾ってくれたなんて本当にありがたいな。こんなすごい人と働いたら、私もすごくなりそう、なんて根拠のない思いとともに、未来が明るく拓けたのを感じました。

「そう、あの人、頭いいから仲良くしとくといいよ」

ふと、姉が言っていたのを思い出しました。

あの言葉は本当だったんだ。姉よ、ナイス！　ありがとう！

★久保は新しい目玉を手に入れた

やっとデザインの仕事をもらったときのエピソードが面白いのでシェアさせてください。

大坪さんと働き始めて少しした頃、いつもどおり大坪さんとカフェで作業していると、

「バナー作る?」と言われました。

バナーとは、ＳＮＳやホームページでよく見かける広告用画像のこと（サイズや難易度にもよりますが、だいたい１つ１時間、遅い人でも３時間くらいで制作できます）。

もちろん、答えは「イエス！」

「了解。じゃあ素材はコレで。商談に行ってくるから。戻ってきたら確認するから」

そう言って大坪さんは、お客さんのところへ仕事を取りに行きました。私はカフェでデ

ザイン。なんだかデザイナーとして一人前になった気持ちです。

大坪さんが戻ってくるまで半日くらいとのこと。なんだかできる気がしているので、とりあえず全力で取り組み始めます。ああでもないこうでもないと、試行錯誤しながらあっという間に時間が過ぎ、日が暮れた頃に大坪さんが戻ってきました。もしかしたら、ご褒美にご飯をおごってもらえるかもしれません。

「順調？」（大坪さんはいつも進捗をこの一言で確認してきます）

「順調です！」

私は自信満々に手元のノートパソコンを大坪さんのほうへ傾けて、渾身の力作を見せます。

「まぶし！　何これ、どんだけ目が悪いの？」

大坪さんはいつもモニターの明るさを下から4段目くらいにするのですが、私は上から1段目、つまり光量マックスなので、大坪さんは私のパソコンの明るさを下げるところから始まります。

「で、これが作品？」

「そうです。どうですか？」

「何これ、笑わそうと思って作ったの？」

質問に質問で返ってきた！　これは何のテストなんだ……？　笑わそうと思ってバナーを作るデザイナーなんているのか……？

答え方を間違えたらクビになるかもしれないと思った私は真剣に答えました。

「真剣です！」

「ふーん。ほかにあるの？」

「ありません！　これ1つです！」

「作品を隠し持ってるのかと思った」

作品を隠し持つ⁉　そんなことする人いるのか？

大坪さんくらい頭が良い人は、日常会話になぞなぞを入れて楽しむのかもしれない、と思っていましたが、真相は私が考えていたものとはまったく違いました。

私は大坪さんと働く前は、キャバクラやホストのデザインばかりやっていたので、デザイン経験は水商売系しかありません。私の中で、リボンや蝶々や星などのキラキラしたものを入れると、おしゃれなデザインになるというイメージしかありませんでした。

その日お願いされたのは、一般的な企業の普段使いのバナー。キラキラしてはいけません。これでは、サラリーマンが満員電車にロングドレスを着て乗るようなものです。なんてこった。やっちまったなぁ、新米デザイナー久保なつ美。


さて、想像と違うキラキラデザインを見せられた大坪さんは怒ったのか、あなたも気になるかもしれません。結果、大坪さんは怒ることはありません。イラッとさせたことは何度もありますが、怒鳴られたことはありません。

このときも、「了解」と答えただけで、黙々と私が作ったバナーの修正を始めてしまいました。

「そっかぁ、今回は違ったか」

当時の私は恐ろしいことに、自分のデザイン力が低いことも分かっていませんでした。大坪さんがよく言う無能の自覚が足りない状態です。ご飯まだかなぁ、なんて思って大坪さんの修正を待っていようと思っていたら、

「はい。終わった」

なんということでしょう。僅か10分ほどで、新米デザイナーが半日かけて作ったバナーが、大坪さんの手で跡形もなくリニューアルされているではありませんか。

この話を誰かにするたびに、自分のレベルの低さに凹んだり、跡形も残らなかったことを気にしたりするものだと言われるのですが、そのときの私は、「やっぱりこの人、すごい人だった！」という感じだったのを覚えています。

このすごい人に付いていくために必要だったことが2つあります。1つ目は、目ん玉を取っ替えること。みなさん、目ん玉を取っ替える方法、知ってますか？　知らないですよね。やれって言われたら困りますよね。でも、その頃の私が毎日のように言われていたのが、「目ん玉を取っ替えたら？」というフレーズです。

この頃からデザインの仕事をやらせてもらうようになった私は、私なりに何度も大坪さんからもらった仕事にトライしては、結局どれも跡形もなく修正されるという状況を繰り返していました。

私はデザインがうまくなりたかったので、「どうやったらデザインがもっとうまくなりますか？」と聞くと、「知らない。目ん玉を取っ替えたら？」と言われます。

あとから分かったことなのですが、大坪さんは今でいうＡＩのように、どんな質問にも正しく答えるという性質を持っています。だから、私の質問にも常に正確に答えてくれます。デザインがうまくなるためには、目を替えるのが正解ということです。

ある日、「知らない。目ん玉を取っ替えたら？」に、「どうすれば、目ん玉を取っ替えられますか？」と聞いたら、「デザインに限らず、何かが下手な人は良いものを知らない。良いものを多く見ていれば自然と目が肥えて、違いが分かるようになる」と教えてくれました。私は、質問の大事さを学びました。

２つ目は、自分で考えないこと。自分で考えることが大切だってよくいわれますよね？これ、大坪さんは逆のようです。私が私なりに考えたデザインはいつも跡形もなく修正されます。私は、ボツ量産機です。うまく作れないので、デザインも見出し部分だけ、というようにメインの仕事は任せてもらえません。私なりに、次こそは、と改善しているのですがボツから抜けられません。

「あなたはセンスがないんだから、自分で考えるのはやめて」

毎回こう言われます。どういうこと？　デザイナーなんだから、デザインは自分で考えるんじゃないの？って思いますよね。

ボツ量産機として2年が経った頃、自分で作ろうとしているデザインが作れず、苦戦していたときがありました。頭の中にイメージはあるのに、現実には作れない。

「うーん、これもダメだぁ、なんか変」

「でもなあ、時間ないしなあ、この方向性で進めるしか……」

そんなことをぶつぶつ言いながら、パソコン画面に向き合っていました。

クライアントに送る納期も近づいています。

（できない、できない……どうしよう）

この頃の私は、大坪さんからお願いされた仕事を納期ギリギリまで粘って、「できました！」と持っていき、「全然違う。もういいよ、やっとくから寝てていいよ」となり、大坪さんはいつも徹夜で私の作品を修正していました。そこで私はいつもと違うアプローチを取ります。

「今こんな感じですがどうでしょう？」と見せると、「何これ、何がしたいの？」と聞かれます。これは私が責められているのではありません。大坪さんにとって不可解なことを理解するための質問ですので、私は正直に、「この文字を金のようにしたいのですが、うまくいきません」と答えます。

「自分で金を作ろうとしてるの？　全然あり得ないんだけど」

「パソコン貸して。一回見せるからどうやるか覚えて」

大坪さんの実演を見て、今まで言われていたことの謎が解けました。私は、私のデザインスキルが上達しない理由を見つけることができました。理由は、自分で考えていたから。

私は、自分で考えていたせいで、スキルが上達しなかったんです。自分なりに積み上げるのではなく、参考を探し、参考から作ることでより早く、より高いレベルのデザインができるようになったんです。

「すごい！　そういうことか！　やっと分かった！」

「ずっと言ってたじゃん。今理解したの？」

と言われましたが、その日から、私のスキルはメキメキと上がっていきました。

私は、参考の大事さを学びました。

こうして学んだ、大坪さん特有の成長の最短ルートを、今では教える側に回っています。社内での後輩教育はもちろん、私のスクールでもこの成長の時短術を実践できるように教えています。

結果、面白いのは、このやり方でできるようにならない人は一人もいないということです。私自身、何年も上達しなかったスキルが、やり方を一つ変えただけで一気に上達したのです。私は、先生の大事さも学びました。

大坪さんは、さすがにここまで長くかかるとは思っていなかったそうです。確かに、初めから言っていることは何も変わっていなかったのですが、この経験をしてよかったことがあります。

それは、「誰でもできるようになるんだよ」と今のスクールで自信を持って言えること。だって、こんなに理解が遅くてセンスもない私でも、実際にできるようになったし、同じやり方で全員できるようになったから。

★居ないなら育ててしまえデザイナー

大坪さんの言っていることが腑に落ちてからは、どんどんデザイナーとしてスキルアップしました。

「大坪さん！　ＬＰ（ランディングページ）できました！」

「了解」

返事は変わりませんが、仕事内容は大きく変わってきた頃。

個人事業主だった私と大坪さんも、日本デザインという会社を設立し、大坪さんが持っている大きな案件（時には1カ月で何億円も売上が出るような案件）を手伝っていて、ようやくいただいているお給料分くらいは利益に貢献できているかも、というレベルになってきました。

ですが、ここで次の問題が発生します。

大坪さんが「これでもか！」というほど、注文を取ってきてくれるのですが、前の会社と違ってどれも金額の大きな大型案件ばかり。私と大坪さんの2人では、さばききれなくなったのです。

12月の1カ月だけで50件を超えるホームページを受注して、カウントダウンから初日の出さえ気づかずに制作し続けていたこともあります。正直ハードでしたが、成長ややりがいがデカかったので、毎日が充実していました。

しかし、さすがに将来的にも、このスタイルを維持はできません。私と大坪さんは、社員を雇うことにしました。

まだ会社とも呼べないような小さな会社です。福利厚生のような制度もありません。出社するのも高速道路横の狭いワンルームマンションの一室で、働きやすい環境だったとはいえません。

求人媒体の営業さんからは、「未経験ＯＫ」と入れないと応募は来ませんよ、と言われました。ですが、私たちは手が足りないから求人しているわけで、教える余裕がないので、欲しいのは即戦力なんです。即戦力が手に入ると思ったから、求人に60万円も払う決定をするわけです。

しかし、そのギャップは埋まることなく、デザインスクール卒の方も美大卒の方もポートフォリオがなかったり、あっても実務レベルと呼ぶにはほど遠く悲惨な状態。大きな出費もむなしく、結局は未経験の人たちを雇うことになりました。

こうして、久保の未経験者育成が始まります。

「このツールはこんなふうに使うんだよ！」

「分かりました、やってみます」

「ここの編集ができないんですけど……」

「あーそれはね、ここを変更してこう動かすとできるよ！」

「できた！　ありがとうございます！」

ソフトの操作はもちろん、パソコンの操作も苦手な方ばかりでしたが、根気強く教えていくうちに、全員がデザインできるようになってくれました。

何もできなかった状態から、少しずつ上手になっていく様子や、「デザインって楽しいですね！」と言われることもあって、私もついつい夢中になっていきます。

学生時代のダンスサークルでも、抽象的なことを言語化して後輩に伝えるのは得意分野だったので、デザインを教えるというのも、それに似て楽しい時間でした。

ここでまた次の問題です。

立ち上げたばかりの会社の多くが経験することですが、いくら丁寧に教えても、社員に実力が付いても、社員がすぐに辞めてしまうのです。

「やっぱりデザイン以外をやりたくて」

「スキルをもらえたんで、もう辞めます」

「得たものを活かして、キャリアアップしたいので」

などなど、デザイン以外を選んでいく方もいれば、有名な制作会社に転職する人もいました。

当時はまだ会社としての歴史も浅く、マンションの一室だし、決して働きやすい環境だったとはいえないので、辞めていった方々の気持ちはよく分かります。私自身もたくさんの熱量をかけて教えてもらいながら、数カ月で辞めた経験があるので、後輩が辞めることと自体に文句は言えません。

とはいえ、会社として社員教育ばかりしていられるほどの余裕もありません。数カ月で辞められるということは、会社が一般人にお金を払って指導しているようなもの。しかも、教える時間を割いているので、時間の無駄にもなってしまいます。

昔から教えることは得意で好きだったので、苦ではありませんでした。でも、いくら教える仕事が楽しくても、それが会社のためにならないなら意味がありません。

そんなことを考えていたある日、日付が変わるくらいまで働いたあと、大坪さんとご飯を食べていました。

「また辞めちゃうね。みんな、すぐ辞めちゃう」

「小企業だし、最初はそんなもんでしょ」

「私も数カ月で辞めてたし、仕方ないのかなあ」

「子どもは学ぶ側がお金を払うはずなのに、大人は教える側がお金を払うのって、今の日本の不具合だよね」

「うーん。うん……？」

ちょっと、待てよ？

私も昔、お金を払ってデザインの学校に通ってた！

「ひらめきました！　大発明です!!」

「何を？」

「スクールにしましょう！」

冷静に考えると、大したアイデアではないですが、点と点が線で未来までつながった感じがしました。

それまでは、昼間は後輩にデザインを教えて、昼間にできなかった自分の仕事を後輩がいない夜間に作っていたのですが、昼間に自分の仕事を終わらせて、そのあとでデザインの教室を開けばいいだけなので、個人的な負担は変わりません。

次の日、さっそく大坪さんにその話をしたところ、「いいよ。やってみたら」とのこと。対面形式だったので、オフィスの一角を使ってもいいとOKをもらえました。

これが、いまや日本一にまで成長した、日本デザインスクールの始まりです。

★目指せ億超え女性起業家

大坪さんと働いていると、ありがたいことに有名な経営者や成功している起業家とお会いする機会を多くいただきます。

ある日私は大坪さんに連れられて、起業家が何百人も集まる1日がかりのイベントに参加しました。そのイベントには年商億を超える起業家が集まり、特にすばらしい結果を出されている方がステージに登壇をされていました。

その当時、参加者の8割は男性でした。みなさんスーツを着て、とても真剣な目でイベントに参加されていました。私のような会社員はほとんどいなくて、女性も少なく私はかなり萎縮してしまいました。

私がこんなイベントに参加するのは場違いかもしれない……。

できれば早く帰りたいな……。

そんなことを思っていたとき、最後の登壇者としてすてきなスーツを着た女性がかっこよくステージに上がっていきました。

それは、オーストラリア留学の支援をされている女性経営者でした。

「大坪さん！　女性で登壇する人がいるよ‼」

参加者のほとんどが男性だったので、当然登壇者も全員男性だと思っていたら、ショートカットでさわやかな女性経営者が、堂々とステージの上で参加者に勇気を与えていました。

「かっこいい！！！！」

私は一目で憧れてしまいました。

男性経営者が多いなか、女性が圧倒的な結果を出して登壇されている姿に、思いっきり痺れてしまったのです。

帰りの電車では、「私もあの人みたいになりたい！」と鼻息荒く興奮しっぱなしでした。

この日から、私は本気でスクール事業を大きくしようと決めました。

正直お金を稼ぐということに、そこまで興味はなかったのですが、イベントで見た彼女のようにかっこいい女性起業家になりたい！という気持ちが大きかったのです。

当時はまだ、デザインがそれなりにできるようになったくらいで、まだまだ大坪さんの金魚のフンくらいのセルフイメージでしかありませんでした。自分で事業を立ち上げるなんて怖くて仕方なかったですが、心は今までいちばんワクワクしていました。このワクワクは人生を変えるワクワクだ、と言い聞かせてスタートしたのでした。

ちなみに、当時のスクールのキャッチコピーは、「社長から直接学べるWEBデザイン」でした。多くのスクールがあるなか、何を売りにしたらいいか分からなかったので、「社長から学べる」を打ち出してみたのです（この頃はまだ大坪さん頼みだったことが恥ずかしいです笑）。

大坪さんに「デザインの教室を開きたいけど、教えるのがちょっと怖いんです」と話すと、「じゃあ俺が話すのもやってあげるから、準備お願い」と言われていました。

「準備は何をしておけばいいですか？」

「何でもいいよ。適当にアドリブで話すから項目だけ決めといて」

大坪さんは初めてのセミナーでさえアドリブでできるとのこと。

売上や利益のことはよく分かりませんでしたが、まずは無料で集客ができれば赤字になって会社に迷惑かけることはないだろうと考え、無料で告知ができるサイトを探しました。その中からいくつか選んで、集客スタート。

今思えば私の役割は少なすぎましたが、本当に見出しだけリストアップして当日を迎えました。

初めてのデザインレッスンは、池袋駅近くのレンタルスペースでした。参加者は2人。2人に対して講師が2人（笑）。「1日でHPが作れるようになる！」という講座で、みっちり8時間教えることになっていました。

「遂に私のスクールがオープンするんだ……」

私は朝から緊張しっぱなしでしたが、大坪さんはいたって冷静な様子。話すことが決まっていたかのようにスラスラと話し始めます。

当時の私はとにかく丁寧に教えることを心がけて、手取り足取り教えていました。私と大坪さんは慣れている作業も、初心者にとっては難しいことが多いのです。


「ようこそ、日本デザインスクールへ！」

「あ、はい、よろしくお願いします」

「パソコンは持ってきてくれましたか？」

「はい、でもこれでできるか心配で……」

「そうなんですね。まずは一緒にPhotoshopを開いてみましょうか」

「えっと、すみません、Photoshopってどこにあるんですか？」

「ここです！　アイコンをダブルクリックしたら開きますよ〜！」

「すみません、ダブルクリックってどれですか？」

「ダブルクリックっていうのは……（後略）」


本当にこんな感じのやり取りで、1日かけてPhotoshopの基本操作から、簡単なバナー、そしてHPのテンプレートを作ってオリジナルサイトを作り上げるところまで教えていました。

1日付きっきりだったので疲れはあったのですが、受講生が「楽しい！　うれしい！」と喜んでくれて、その笑顔に疲れもふっとび、癒やされたのを覚えています。

帰り際に受講生がこんなことを話してくれました。

「久保先生、実は私、ほかのスクールに通っていたんです。でも、全然デザインができるようにならなくて」

「そうだったんだ……」

「でも、今日はすごく楽しくて、初めてデザインができた！って感じがしました。1年間教わっていたのに何もできなくて悩んでたんです。こんなに簡単にできるなんてびっくりで……」

「そうだったんですね。諦めずに来てくれて、うれしいです」

「最初から久保先生に出会えたら良かったのに……。でも、ありがとうございました！」

そういえば、私もまったく同じ経験をしていました。もう数年も前のことですが、スクールは何も変わっていないのか……。

「WEBデザイナーになりたい人をもっと助けたい。力になりたい」

初日から当時の自分を思い出し、胸が熱くなったのでした。

その翌月からは、レンタルスペースではなく、オフィスでレッスンを始めることにしました。オフィスといってもマンションの一室。駅から徒歩15分ほどの場所。恵まれた環境ではなかったけれど、私なりにデザインを楽しんでもらえる教室を作ろうと思いました。

そうだ！　教室といえば、看板でしょ！

「日本デザインスクール　ゼロイチWEBデザイン」

とロゴマークを付けた紙を印刷して、自分でラミネートをしました。後ろにマグネットを付けたら、なんと！　手作り看板の出来上がりです！

夜の6時になったらこの看板を玄関のドアに貼り付けて、営業開始です。

講師に見えるように用意した白いジャケットに着替えて、コンビニで疲れたときに受講生と一緒に食べる用のスナックを買って、後輩の加藤くんにお茶出し係をお願いしたら準備完了。

マンションのいちばん奥のお部屋でレッスンがはじまります。小さくても自分のスクールを持てていることがうれしくて、毎日受講生との出会いにドキドキしていました。

このときの気持ちは今でも忘れません。

★ついに、主役に

ある日、とても恐ろしいことが起きました。

4人以上申し込みの入っているセミナーの日程があったのですが、その日、大坪さんが日本にいないということが判明しました。大坪さんは新規事業のリサーチのために、イタリアに行くらしいのです。

「困ります」の一言に大坪さんは、

「もう一人でできるでしょ」とそっけない回答。

確かに何度も聞いていたし、質問には代わりに答えるようにパスをもらっていたので、話されていた内容はすべて理解しています。でも、それまで一度もセミナーをしたことのない私がメインになってセミナーをするのにはとても勇気がいります。

「頭が真っ白になるかもしれません」と言ったら、

「スライドを作っておくから大丈夫でしょ」と即答。

それまではスライドもいっさいなく、毎回ホワイトボードで説明されていた話を、大坪さんはイタリアに発つ前日、一夜漬けでスライドに起こしてしまいました。私がセミナーで話す時間、大坪さんはネットのつながらない空の上。なんの助けも得られません。ドキドキしながら、そのときを迎えます。


結果はというと……意外とできました!

大坪さんの話を何度も聞いていたので、知らない間に頭に入っていたようで、なかなか良い感じで進めることができました。これなら私が代表でやっていけるかも？　大坪さんは忙しそうだし、これからは自分でやってみようかと思えました。

こうして、ついに本当の意味で日本デザインスクールの主役となった私は、より高度なデザインが作れるようにレッスンのカリキュラムを長くしたり、より多くの人に教えられるようにマンツーマンからグループでのレッスンに変えたり、講座の改善を進めていきました。

大坪さんからは、講座の改善が進むたびに、「受講料上げていいよ」と言われ、少しずつ受講料も上げていきました。値段の決め方はあまり分かっていないので、いつも大坪さんから号令がかかります。

ビビりな私は、受講料を上げるたびに「本当にこんなにもらっていいんだろうか？」「お客さんが来なくなってしまわないだろうか？」とビクビクしていましたが、そんなことはいっさいなく、逆にこれでも安すぎるといううれしい声をいただいていました。

価格を上げて得られる効果も大きく、低かった頃よりもより真剣な方が集まるようになって、卒業生の作品レベルがどんどん上がったり、利益も出るようになったりしたので、内容やプレゼンをより充実させることができるようになりました。

初めの頃は、お金の有益な使い方を知らず、ただ貯めることを良しとしていた経験から、高い値段＝悪いこと、のように思っていましたが、安い値段で中身を改善することができないでいるよりも、高い値段でも満足してもらえるように改善し続けることが、どんな分野でも大切だと身をもって理解しました。

また、この頃から、今の日本デザインスクール（デザスク）の真価である、「人生が変わりました」という、お客さんの感動的なメッセージが頻繁に届くようになります。

スタートのときのように、いったいどうなってしまうんだろう、と心配になったこともあれば、クレームをもらって落ち込むこともありました。ですがみなさんからいただいた感謝や感動のメッセージを見返したりして、「この道は間違っていない。もっと頑張りたい。もっと多くの人に届けたい」と思えたおかげで、気づけば、広告もいっさい打たずに売上は月50万円を超えるようになりました。

★経営塾、まさかの審査落ち

その後も、「億超え起業家」を目指して、どんどんスクールの改善を進めます。

良いサービスが出来上がったら、あとはマーケティングやプロモーションによって成功するのは、日本デザインが元々そういう仕事をたくさん受けていたので知っていました。

そして、大坪さんはその分野で、いろんな経営者さんから相談を受けているプロだったので、社内で聞けばすぐに解決することだと思っていましたが、私はあまり大坪さんに頼らないで成功したいと思っていました。

なぜなら、当時の私のテーマの一つは、大坪さんの金魚のフンを脱することだったから。できる限り、私の力で、目標を達成してみたかったのです。

「こういうの、行ってみたら？」

そんな私を見て大坪さんは、ある経営塾を紹介してくれました。ただ、その塾は、すでにある程度売り上げている社長さんしか参加できない、私にとって超ハイレベルなもの。

社長さんしか募集していない塾で、応募するのも怖かったですが、売上が月50万円からなかなか伸びなかったことと、このタイミングで紹介されたのは何かの縁かもと思い、勇気を出して応募しました。

しかし、結果は審査落ち。残念ながら、私はその経営塾への参加を断られました。

しかも、落ちた理由は「社長じゃないから」という理由ではありません。売上規模が小さいけれど、自力だけでももっといけるはず、というシビアな理由。

経営塾で知識がある人に教えてもらえば、スクールもラクに大きくできると思ったのに。現実はそう甘くありませんでした。

「大坪さん、落とされちゃった……」

「だろうね」

「え、分かってたの⁉」

なんていじわるな、とそのときは思いましたが、それでも勧めてくれたのにはワケがありました。私のエンジンを、正しくかけ直すためです。

当時の私は、「とにかく事業を大きくしよう！」と、新しいことさえ学べばなんとかなるはず、というマインドのまま、計画を立てては折れ、また立てては折れ、やる気が空回りしているような状態でした。

そんな私が、売上に対して成り行き任せだったのは、経営塾の方からは見え見えだったわけで、だから「自力でもっといけるはず」という理由で落とされたのです。

ちゃんとした理由で落とされたと考えると、逆に信用できる場所、目指すべき場所だということが自分にも分かったので、まずはこの経営塾に合格するという課題を、私の目標にすることができました。

また、経営塾のほうは私のことを気にかけてくれていたらしく、「売上を倍にできたら、また受けにおいで。久保さんならできると思うよ」と言ってくれました。

売上を倍にすると、月100万円。年1200万円。いけるような、いけないような、少し高い壁にも感じましたが、「久保さんならできると思う」という言葉を素直に信じて、まずは自力で頑張ってみることにしました。

それからというもの、人気のスクールを徹底的に分析したり、受講生にアンケートをとって意見を取り入れてみたり、できることを必死にやりました。

特に効果的だったのが、卒業生へのアンケート。卒業後にデザイナーとして働いている先輩たちが「ここが今も役に立っている」「こんなことを知ることができたらさらに良かった」というリアルな声をもらいながら、今まで以上に改善を重ねました。

その結果、卒業後に即転職が決まったり、高額の案件を依頼してもらえたり、まさに現場レベルを超えて、トップレベルになれるカリキュラムが完成しました。

外から見て分かる大きな改善もあれば、誰にも気づかれない細かな改善まで、すべての見直しに取り組んだ結果、約1年後には、広告費はゼロのままで月２００万円を売り上げていました。

その結果も報告しつつ、改めて経営塾に申し込んだところ、無事合格。まさか、与えた目標の2倍を達成してくるとは思っていなかったそうで、すごく驚いてくださいました。

とはいえ、参加するのは社長さんの集まる塾。私は大坪さんの知り合いということで特別に交ぜてもらったような形です。社長さん向けの塾なだけあって、金額もびっくりするくらい高額です。受講生からいただいたお金を使って、ちゃんと良い結果につなげられるのか、内心ドキドキでした。

「やっぱり社長と社員じゃ覚悟が違うよね」

「社員が億の事業を作るのは無理だよ」

そう思われるのは絶対に嫌だったので、私はその塾内でＭＶＰを取ることに決めました。

過去にその経営塾でＭＶＰをとった方のスピーチを聞いたり、成功している社長さんの本を読んだりしてみると、

「最初はパソコンすらうまく使えませんでした」

「何年も引きこもりをしていました」

「実は、中卒です」

という方がたくさんいます。確かに、地頭やセンスで多少は負けているかもしれないけれど、同じ人間なんだから私にできないはずがない。

あとは自分の頑張り次第だと言い聞かせて、ここから半年間、与えられた課題に全力で向き合いました。

★売上10倍。念願のＭＶＰ

月商も３００万円、５００万円まではサクサクと伸びました。

さすが、審査で落とされた経営塾。私のキモも据わったせいか、教わったことを素直にやってみただけで、売上もグングン伸びます。

ですが、月の売上が500万円を超えたところから、伸び悩みます。私的には、素直に教えを守っているはず、なのに伸びない。こういうときに限って、周りの芝生が真っ青に見えます。

同じグループの起業家さんたちは何倍にも売上を伸ばしている。

悔しい。なんで。私だって頑張っているのに。

やっぱり私に億超え女性起業家を目指すなんて無理だったのかな。

デザインスクールの事業で億超えなんて、できるわけない。

そんな言い訳ばかりが頭に浮かんで、何度も心が折れかけました。でも、安くないお金を払って、自分で受けると決めた経営塾。紹介してくれた大坪さんのためにも、頑張るしかありません。

とてもありがたいことに、この経営塾は超スパルタでした。私が少しでも弱音を吐こうものなら「それは言い訳。絶対できるから、できる方法を考えてきて」と返されます。

折れても折れても、自分で立ち直るしかなかったので、日に日にメンタルも強くなっていきました。

当時、池袋まで自転車で通勤していたのですが、暗い夜道、坂道を自転車で下りながら「どうしてうまくいかないんだあああ！」と、小さめの声で叫びながら帰ったりしていました。自己啓発系のCD音声をひたすら聞いて、自分の脳をポジティブに洗脳しようとした時期もあります。

そして、何より効いたのがネガティブを想像すること。当時、大坪さんから、「別にMVP取るのを諦めてもいいけど、本当にここで諦めちゃっていいの？」と言われ、ビクッとしたのです。

ここまで頑張ってきたんだから、目標だったMVPはちゃんと取りたい。私も大勢の前に立って、

「こんなにポンコツな私でもできたんだから、みなさんにもできます！」

と伝えたい。そうだ、そのために私はここまで頑張ってきたんじゃないか。

壇上でスピーチする自分をイメージしながら、とにかく速いスピードで走り抜けました。

新しいセミナーを開催したり、集客方法を増やしたり、できることは全部やりました。

私のお尻にさらに火をつけてくれたのは、やっぱり受講生の存在。当時すでに、スクールの受講料は30万円を超えています。30万円を、軽い気持ちで払える人なんていません。受講生は全員、人生を変えようと決心して、デザインを学んでいます。覚悟して、借金までして受けに来る人も多くいました。

そんな「本気の人たち」に指導しているので、私も「本気」にならないと失礼だなと思ったのです。

受講生のみんなが、人生を変えようと必死になっている。

私も、自分の人生を変えるために必死にならないと。

そう思って、毎日、できることを精いっぱいやってみました。


特に大変だったのが、コンセプト設計の課題でした。「誰の悩みをどう解決するのか」「ターゲットはどんな人なのか」「受講するとどう変わるのか」「競合他社とはどう違うのか」などをまとめること。

たくさん調べてまとめていっても、「熱量が足りない！」というアドバイスが返ってくるだけ。どうして？　一生懸命考えているのに。そもそも熱量って何？　売れればいいんでしょ。ちゃんと市場をリサーチして作っているはずなのに。

実は当時、今の親しみやすくてアットホームな雰囲気とは真逆の、クールで洗練された感じのコンセプトを打ち立てていました。確かにデザイナーには向いているかもしれませんが、明らかに「元からハイセンス！」という感じで私らしさはありませんでした。「熱量が足りないというアドバイスがどうしても理解できなくて。しっかりコンセプトを詰めているのに、何が足りないんですか？」

レッスンの終わりに経営塾の先生を捕まえて、そう聞いてみると、先生は案外すぐに、答えを教えてくれました。

「確かに久保さんが真剣に考えてコンセプトを練ってきてくれているのは伝わっています。でも、この講座じゃ久保さんがやる意味がなくなってしまう。言い方を変えれば、久保さん以外の人でも作れちゃうんですよ」

「事業を大きくするなら、誰にも真似できない、久保さんだから作れるものにしないと、競合に模倣されて終わってしまう。久保さんは、どんな人を救いたいのかを、一度真剣に考えてみてください」

どんな人を救いたいか。その言葉を先生から聞いたとき、実はピンときたものがありました。それは、過去の自分。不器用でセンスがなくて、ネガティブで、自分の人生に絶望しちゃうくらい自信がないけれど、それでも人生への希望は捨てきれなくて。

人生を変えるタイミングを探している。

楽しく、好きなことをして生きたいと思っている。

そんな過去の自分のような人を救いたい。その気持ちがはっきりしてからは、新しいコンセプトを一晩で仕上げ、次のレッスンの日に持っていきました。

「かなり良くなった。久保さんだから作れる事業になってる」

先生からもそう言っていただけました。

コンセプトが決まったことで、広告の打ち方や無料セミナーでの売り出し方も変わり、売上も着実に伸びていきました。

結果、売上は元の10倍、月商2000万円（年間2億4000万円）を達成して、目標だったMVPに選ばれました。自分との約束どおり、ステージの上から数百人の前で、

「こんなにポンコツな私でもできたんだから、みなさんにもできます！」

この言葉もお伝えできました。いちばんうれしかったのは、スタッフや受講生が応援に駆けつけてくれたことです。大きな花束もいただいて、本当に頑張ってよかったと思いました。大坪さんにも少しは恩返しできた気がします。

数年前まで、ろくにパソコンが使えないのはもちろん、そもそも働いてすらいなかった私。やっと就職できたのも束の間、デザインのセンスもなかったのですべて修正されたり「下手くそ」と怒られてばかり。

転職を繰り返していて、1つの職場に1年以上いた経験もありませんでした。

そんな、ダメダメな20代をスタートした私が、すごい社長さんたちの中でMVPを取ることで30代をスタートできたのは、大きな自信になりました。

「本気になれば、人生はいつからでも変えられる」

このときに身をもって感じたこの言葉は、今でもスクール事業の根幹にあります。

★YouTubeバブル到来

最初こそ、オンリーワン、ナンバーワン、ファーストワンだったデザスクですが、徐々に競合も増えてきて、無料サイトだけでは集客が足りなくなった時期がありました。

無料で集客できるサイトに来るのは、「顕在層」といわれる人たちで、すでにデザインに興味がある人たちがメインです。

もっともっとお客さんを増やすには、なんとなくデザインには興味があるんだけど、そもそも何から学べばいいのか分からない、という「潜在層」にアプローチする必要があります。これまで届かなかった人たちにも届くような、別の方法での集客を始めなければなりません。

大坪さんの周りには、スクール事業をやっている方がたくさんいますが、みんなメールマガジンを書いていました。

「大坪さん、そろそろね、メルマガとか始めようと思うんだけど」

「それは良いね。集客につなげたいなら、毎日書くのがマストだね」

「え、毎日ですか⁉」

「そう、普通毎日」

毎日は書きたくない、と表情でアピールする私に対して、「この人はなんで当たり前のことを聞いてくるんだ……？　毎日に決まってるじゃん」という顔をされて、たいへん困りました。

正直、毎日メールを書くなんて、できる気がしません。

元々私は、文章を書くのは得意なほうではないですし、そして何より、昼間はデザインの仕事でいっぱいいっぱいです。夜はレッスンの準備をしたり、予約してくれた方とのメッセージのやりとり等で時間も体力もほぼ限界まで使っています。

「大坪さん、さすがに毎日はキツイかもです。週に1本じゃダメですか？」

「週に1本なら意味ないから、やらないほうがマシだね」

「そんな、これでも結構いっぱいいっぱいなんですけど」

「副業でやってる人なんて、睡眠時間削って毎日書いてるからね」

そう言って、副業でやりながら毎日メルマガを書いている方のメールマガジンを何通か見せてもらいました。どのメールも、最低でも1000文字は超えています。人によっては1通に5000文字くらい書いている人も。集客ってこんなに大変なのか。

なんとか1カ月、メールを書き続けてみましたが集客効果はナシ。私の心は早くも折れかけていました。苦手なことを1カ月続けるだけでもつらいのに、効果がないなんて。

「メルマガ書いてみたけど効果ゼロでした」

「そうね、そういうのは効果が出るまで数カ月かかるから」

「そんな、私はどうやって集客すれば?」

「なつ美さんが毎日楽しく続けられそうなものをやってみたら?」

楽しく続けられそうなもの。毎日続けていた楽しみは、寝る前に10分だけ見ると決めていたYouTube。


当時、YouTubeが少し流行り始めていた頃です。こんなに面白い動画が無料で見られちゃうなんて、ありがたいなぁと思いながら見ているうちに、何人かのYouTuberさんのファンになっていました。

ですが、その頃の動画は、「○○やってみた!」のような面白動画が主流で、集客目的でYouTubeを使っている人なんていません。

そのことを大坪さんに伝えてみると「ライバルが少ないのは良いことじゃん。やってみたら」とのこと。さらに、今後YouTubeがテレビを超えてきて、学び系を発信する人も増えてくるから、始めるなら今が良いよとも教えてくれました。

毎日しゃべるだけなら、書くよりマシかもしれない。

すっごく恥ずかしいけれど、とりあえずやってみるか。そういうわけで、私は「YouTuberデビュー」することになりました。

メルマガを書くのはやめてYouTubeでの配信を開始。YouTube撮影の知識も、編集の知識もゼロ。大坪さんに買ってもらったスマホ用の三脚を使って自分のスマホで撮影し、スマホアプリで「あー」とか「えー」といった無駄なところだけを切り取るという、編集ともいえない程度の編集をしていました。

動画の撮影も、最初は嫌でした。大坪さんもほかの社員もオフィスにいる時間。オフィスそのものもマンションの一室だったので、人気のインフルエンサーさんを参考に、百均でカラフルな小物を買いそろえて撮影背景を作ったりもしました。

声を聞かれるのが恥ずかしくて、スタッフのみんなをオフィスから一時的に追い出したり、逆にトイレに閉じこもって音声を収録したりしたこともあります。

話すのは好きだけど上手ではないし、発信内容もなかなか自信が持てませんでした。話すことが次々浮かぶときもあれば、なかなか浮かばず、何を話そうか考えているうちに1時間経っていた、なんてこともあります。

「こんな私の未熟な発信に誰が興味あるんだろうか、誰か聞いてくれているんだろうか」と悩んだこともありますが、大坪さんが言っていたのは、「未熟ななつ美さんの発信だから価値があるんだよ。カッコつけるほど本質的な価値は下がっていくから、今の自分が伝えたいことを伝えればいいよ」と言ってくれました。

当時のYouTubeの動画撮影はたいてい深夜、スクールのレッスンが終わったあとの22時から24時に開始します。10人くらいの社員が全員帰ったあとのオフィスで、その日受講生に聞かれた質問をベースに「これ、みんなに話したいな」と思ったことを話すようにしていました。

私は忘れっぽいので、今日思ったことは今日アウトプットしておかないと、1週間後に同じ話はできません。話したいことが浮かび続ける日はひたすらカメラを回して、深夜4時まで撮っていたこともあります。

これは予想外でしたが、自分の動画を自分で編集するメリットが3つありました。そのうちの2つは、自分の悪い癖に気づくことと、それを直したいと思えることです。「もっとしゃべるのがうまくなりたい。レッスンで受講生に上手に教えたい」と大坪さんに相談したとき、「自分がしゃべってる動画をひたすら聞いてたら、口癖とか下手なところに気づけるし、嫌で直したくなるよ」とのことだったので、暇さえあれば自分の動画をずっと聞いていたのです。

そうしたら本当に、「この口癖また使ってる。しゃべり方下手だなぁ」と気づくうえに、自分で編集するので編集の作業量がとても多くなって、自分のために本気で直そうという気持ちになり、実際にかなり良くなりました。

3つ目は、自分のやる気が上がること。自分の動画を落ち着いて聞けるようになった頃、1カ月前に話した自分の話が、たまたま今の自分にグサッと刺さって、「頑張ろう！」となったりすることがよくありました。

そんなこともあり、YouTubeは続けていくうちに楽しくなってきました。

自分が楽しむだけでなく、「いいね！」やコメントをもらえるようになったことも大きいです。メルマガは、特殊な難しいツールを使うことでどのくらい読まれたかは見ることができますが、それを読んでどう思ってくれたのか、良かったのか悪かったのかは全然分かりません。

YouTubeなら、何回見られたのかはもちろん、「いいね！」がつけば、少しは誰かの役に立てたことが分かります。この「いいね！」や、時々届くコメントを励みになんとか毎日続けていました。


ある日のこと。スクールの申し込み欄を見ると、見覚えのない名前が1つ入っていました。基本的に、当時の集客方法では、1000円程度の体験レッスンに来てもらって、「もっと学びたいな」と思ってくれた方にスクールの案内をする流れをとっていました。あえて決断に勇気がいる価格設定にしていたので、一度はお話ししたことがある方がスクールに申し込まれます。

しかし、そこに書かれているのはほかのスタッフに聞いてみても誰も知らないという、福岡県に住む30代の女性です。

イタズラ？　それとも間違い？

もしかしたら何かの手違いなのかも、と思って、その方に電話をして確認することに。

「こんにちは、日本デザインの久保という者ですが」

「えっ、久保さん⁉　本当にあの久保さんですか？」

「え、はい、久保です」

「お話しできてうれしいです！　○○といいます。久保さんに憧れて久保さんみたいになりたくて、デザインスクールにも申し込みさせていただきました！　YouTubeを毎日見てます！」

イタズラでも間違いでもありませんでした。仕事がなかなかうまくいかず、家でダラダラ仕事をしていたら私のYouTubeが出てきたそう。私がとにかくアツく、デザインのことを語っていたのに感動して、ほかの動画も全部一気に見てくれたそうでした。

「大坪さんどうしましょう」

「何かあった？」

「YouTubeを見ただけで、スクールに申し込んでくれた人がいるみたい」

「それはすごいね」

「続けて良かった」

その後も、YouTubeを見ましたと言って体験レッスンに来てくれる人や、「久保さんの配信を見ていたら、スクールに入りたくなりました！」というコメントが増えてきました。

登録者数５００人の頃には、月５００万円をYouTube経由で売り上げるようになっていました。

そんなこんなで、気づけば登録者も3万人を超え、スクールに申し込んでくれる人のほとんどが、一度は私のYouTubeを見てくれた方、という状態にまでチャンネルも育ちました。

メルマガだと続けられなかった情報発信も、動画でなら続けられた。

形式に縛られずに、得たい結果を得るためにすべきことをやる。

YouTubeを続けることで、そういった大切なことを学べた気がします。

★ライバル出現で大ピンチ

スクール事業も安定し、楽しみながら仕事をして感謝してもらえる毎日がしばらく続きました。

「デザスクのおかげで人生変わりました！」
「久保さんに出会えて本当に良かった！」
「ＷＥＢデザインの仕事が楽しくて仕方ないです」

そんなうれしい声が本当に毎日のように届いて、このまま順調に事業が大きくなっていくと信じきっていました。

ですが、世界というのはよくできていて、順調だと思った瞬間に雲行きが怪しくなっていきます。なんと、ライバルが出現し始めたのです。

当時、すでに私のスクールは周りから日本一といわれるレベルのレッスンをしていました。知名度では大手にはかなわないものの、どこよりも楽しそうだし、どこよりも卒業生が活躍しているスクールとして知られていました。

クラウドソーシングやコンペ市場では、私のスクールの卒業生のデザインレベルは、ほかより圧倒的に良いというコメントをよくいただいていました。
そんなスクールは、当たり前ですが競合のスクールから細かく分析され、模倣されます。スクール設立当時、YouTubeでＷＥＢデザインの発信をする人はいませんでしたが、この頃になると「自由に楽しく働けるＷＥＢデザイナー」というコンセプトのYouTubeチャンネルがいくつも登場していました。

また、大手ではなく個人が運営するスクールも驚くほど増えました。ですが、私の中には「そんな簡単に抜かれるはずがない。だってあれだけ頑張ったから。ここまで大きくしたんだから」という謎の自信がありました。今思うと、自分のスクールが負けるのが怖くて、現実に向き合うことから逃げていたのだと思います。

きっと大丈夫。
きっと大丈夫。

毎日のように自分にそう言い聞かせていましたが、雲行きはどんどん怪しくなっていきます。SNSではちょくちょく新しいスクールを見かけるようになります。コロナ禍もあり、手に職をつけたいという人が増えたこともあって、これまで全くWEBデザインに関わりのなかった大企業もWEBデザインのスクールを開校していました。ほかのスクールの広告を毎日のように目にするようになりました。

あれ？　ヤバいかもしれないぞ。

そう思ったときにはもう遅いものです。現実は甘くなく、私は1、2年で競合に追いつかれてしまいました。売上も生徒数も日本一ではなく、Bランクくらいのスクールになってしまったのです。

夢に向かってキラキラ頑張っていた黄金期は終わりを迎え、それからは見えないプレッシャーが重い空気のようにのしかかってきます。

「スクールのブランディングを変えたほうがいいのか」

「ほかのインフルエンサーみたいにおしゃれな服を着ないといけないのか」

「スクールのカリキュラムをもっと簡単にして受講料を安くしたほうがいいのか」

どうしたらいいか分からず、ただただ頭を悩ませる毎日。あれだけ仕事が大好きだったのに、オフィスに行きたくないと思う日もありました。

私はよく、立ち上げから間もない頃の、マンションの一室でこぢんまりとスクールを運営していた時期のことを思い出していました。

「そんなに事業は大きくなくていいかもしれない」

「あの頃のほうが幸せだったな。私には、大きい事業は向いていなかったのかも」

そんな弱音を吐いた日もあります。

「そうだね、無理しない程度の事業にしておこうか」

そんなことを言ってほしかったのだと思います。でもそんな弱音が本当は正しくないことは自分でも分かっていました。

大坪さんに相談しても、「続けていたら業績はまた回復するから」と言うだけ。打ち合わせや仕事で毎日忙しく、全然取り合ってくれません。

寂しい。

自信がなくなり前向きにもなれず、「日本一のスクールを作ったのも、起業塾でMVPをとったのも、全部過去の話。今の私には、そんな力はない」というように、過去の栄光にしばらく苦しめられることになります。

★笑顔を失いました

私が自信を失ってからも、受講生の多くは、YouTubeの過去の私を見て、

「久保さんに憧れています！」

「久保さんみたいにキラキラしたくて！」

「久保さんと同じＷＥＢデザイナーを目指してます！」

そんなうれしい言葉をかけ続けてくれていました。その言葉は本当にうれしいのですが、当時の私は「楽しいを発信し続けなければ」という義務感に襲われていました。

デザインの仕事が楽しいのは嘘ではありません。

この仕事が楽しいと感じること、好きなことは本当なので、教える仕事がなくなったとしても、デザインをしていたいくらいです。

でも、今の私はライバルに負けて売上も落ちている。「ＷＥＢデザインは楽しい！　好きなときに好きな場所で仕事ができる！」という切り口も、いろんなところから同じように発信されているので、私が発信する必要もないと感じてしまっていました。

私のスクールを信じて受講してくれた人はもちろん、売上が多少下がっても、私のスクールを愛して、講師の仕事を続けてくれるスクールの仲間たち、スクールに少しでも携わりたいと言って入社してくれた後輩たちのためにも、業績を伸ばさなければいけない。

笑顔でいなきゃいけない。
楽しそうにしてなきゃいけない。

そのためには、たとえ作り笑顔でも、「楽しそうに発信すること」は不可欠だったのです。その変化に気づいた当初は、頑張れば楽しい感じを出すことができましたが、少しずつ少しずつ心と体がついてこなくなり、上手に笑えなくなってしまいました。

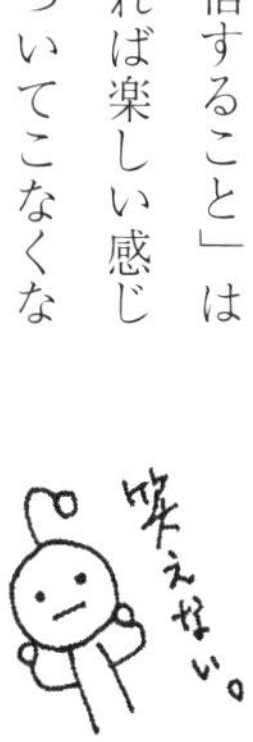

オフラインでの交流会や、当時始まったばかりの新卒採用イベントでは、仕事を最高にエンジョイしていた数年前の自分を思い出して、無理やり笑っていました。話す内容は変えていないし、私なりに堂々と明るく話していたつもりでしたが、やっぱり心が弱っているのは伝わってしまうのかもしれません。

スクールにも、自分そのものにも自信がなくなってしまった私は、ネガティブモード。ほんの少し前まで、全速力で走っていた私はどこの世界に消えたのか。毎日の仕事をなんとかやり切るような日々が続きました。

そして、だんだんとYouTubeの撮影にも影響が出てしまいます。

ある日、私は後輩のけんぼーと自宅で撮影をしていました。朝からけんぼーがオフィスの機材を運んできて準備をしてくれる。

そして撮影開始から5分後……、

「久保さん、もうちょっと笑顔で話せますか？　ちょっと引きつってるかもしれないです」

その言葉で張り詰めていた糸が完全に切れてしまいました。

涙が溢れて止まらないのです。30分近く泣き続ける私に、けんぼーは、

「今日はもう動画撮るのやめましょう」と一言。

持ってきた機材を全て片付けてなんとも言えない顔で部屋から出ていきました。

「一緒に結果を出そう！と頑張っていた仲間にも、つらい思いをさせてしまった」

このときはただただ自分の不甲斐なさに涙が止まりませんでした。

その後、けんぼーと考えて昼からアルコール度数9％のストロング缶を飲むという、

「酔っ払い作戦」を実行してうまくいったこともあったのですが、一時的にほろ酔いで笑えただけでまたすぐに戻ってしまいます。

もう、だめだ、疲れた。

スクールのカリキュラムや、受講生への想いは本物なのに業績が伸ばせない。

会社にとって、私は価値のない存在かもしれないと感じてしまって、苦しくなっていました。

★会社も失いそうになりました

ある日、大坪さんに連れられて、ある経営者交流会に行きました。

正直あまり行く気がしないなと思ったものの、特に予定はないし参加することにしました。そこで私は人生でいちばん衝撃的な話を聞きます。

私は懇親会で横にいた大坪さんに、ふと最近気になっていた会社の経営のことを質問してみました。

スクールの業績が下がっているので、良くないことは分かっていましたが、大坪さんは私に負担をかけないようにと、会社の利益については、話してくれることがほとんどありませんでした。

経営者の方が楽しく飲み食いしている中で、小さな声で大坪さんに聞いてみました。

「うちって正直どれくらい利益出てるんですか？」

大坪さんは少しの間無表情で黙っていました。

「本当に知りたいの？」

「はい」

「聞いてテンション下がらない？」

「下がるとしても、それが事実なら知らないよりは良いです」

「じゃあ言うけど、あと3カ月くらいで赤字になるよ」

「！！！（絶句）」

大坪さんは何に達観してるのか、顔色をまったく変えずに、ただただ赤字ということを伝えてくれました。

本来いろいろと聞きたいところですが、その場は懇親会の席。陽気に楽しんでいる人たちの前で深刻な顔はできません。でも、頭の中は真っ白。


本当に赤字になるの？

どうにかなると思っていたけど、本当に？

もしかして会社はもうすぐ倒産しちゃうの？


その夜私は一睡もできませんでした。布団にくるまって、会社のことを考えていました。大坪さんに拾ってもらってからというもの、人生の全てだった会社。

私の居場所であるこの会社が今、倒産しかけている。

会社のNo.２の私がどうして気づかなかったのだろう？

考えてみれば、聞くまでもなく会社の収支バランスは良いはずもありませんでした。スクールが大きくなったタイミングで、池袋駅前の大通り沿いに広くておしゃれなオフィスを作りました。おしゃれで新しいと雑誌やテレビの取材が来るほどのアップグレードですが、家賃も前のオフィスと比べて丸が1つアップグレードしています。

さらに、会社で初めての新卒採用を行い、新卒社員も1期と2期を合わせて40人くらい一気に雇っていました。毎月25万円が40人分と考えると、どれくらいの金額かは算数ができなくても分かります。スクールがうまくいっていた頃は、新卒採用での多少の赤字は大坪さんも私も想定していました。その分スクールを頑張ればいいと思っていたし、大坪さんも別でいろいろ動いていました。

しかし、後発のスクールが30社、40社と想像以上に増えたり、私のYouTubeでの集客力が落ちてきたりで、広告費も大きくなっていました。オフィスの賃料、人件費、そして広告費。いろんな支出が重なり、会社は私が思っていた以上に大変な状況だったのです。

私が元気をなくしている間に会社は倒産しそうになっていました。大坪さんは、会社の状況が分かっていても、誰にも言わずに一人でなんとかしようとしていたのです。

「続けていたら業績はまた回復するから」と私に言って、その裏で一人で会社をなんとかしようと奮闘してくれていたのでした。

毎日仕事仕事で、全然私の話を聞いてくれない！とふてくされていた私。

自分の悩みばかりで会社のことを全然考えられていなかった私。

本当に何も分かっていませんでした。不安や戸惑いの気持ちはありましたが、朝方になると不思議なパワーが湧いてきました。

ずっと業績を伸ばせなかったけど、会社を守るために、もう一度頑張りたい。

会社を守るために、もう一度日本一のスクールを作るんだ。

私なんて必要とされていないと塞ぎ込んでいたのはどこへやら。やるんだ‼という決意が固まったのです。

この日、一睡もできなかった私は朝の5時に大坪さんに電話をしました。

「もしもし」

「何？　どうしたの？」

大坪さんも朝まで何かを考えていたのか、すぐに電話に出てくれました。

「私、明日からもう一度頑張ります。一人で背負わせてごめんなさい」

「別にいいけど」

そしてこんな提案を大坪さんにしたのでした。

「明日から私お給料なしでお願いします。でもご飯だけはお願いします」

これが私の覚悟でした。

今まで会社にはずっと生かしてもらってきた。人よりもたくさんお給料もいただいてきた。会社が回復するまでは、お給料はもらわない。そう決めたのでした。

大坪さんはとってもびっくりして、「そこまでしなくていい」と言っていましたが、私の頑固さに負けて許可してくれました。

こうして私はその日から1年、お給料なしでご飯だけ提供してもらう「ご飯プラン」で

働くことになったのでした。

★自分を取り戻しました

会社を守る！と決めた私は、次の日から人が変わったように働き始めました。

まずは、次の日から後輩に任せっぱなしだったセミナーを自分で担当し、受講生と直接話すようにしました。後輩たちなりに今まで行動してくれてはいましたが、業績が下がっていたのは紛れもない事実。

久しぶりにセミナーに出てうまくやれるのか？

少し不安にはなりましたが、会社の存続がかかっているのでそんなことで止まってはいられません。セミナーのスライドに目を通し、準備を……と思ったところであることに気がつきました。

スライドが昔とすっかり変わってしまっていたのです。新しいスライドの内容を覚えようとしても、どうしても覚えられません。言葉がうまく出てきませんでした。

仕方がないので、私が現役のときに使っていたスライドで話すことにしました。それなら何百回もやっているので、体が覚えています。

でも、昔のスライドが今の方に通用するのか……？

とにかく一生懸命伝えました。当時のことを思い出して、当時と同じ気持ち、同じ言葉で。すると驚いたことにセミナーの満足度は最高点となりました。7人の参加者全員が「受講に興味あり」とアンケートに答えてくれたのです。一緒に参加していた後輩が、「こんなこと、これまでありませんでした……」と驚いていました。その言葉に私もびっくり。

このとき、私は何が現場で起きていたのかやっと理解しました。私の手を離れ、後輩に任せている間にスライドが変更されてしまい、それから結果が出なくなっていたのだと。良かれと思っての変更が、逆に業績を落としてしまっていたのでした。

セミナーを運営していたチームメンバーを集めて、しばらくすべてのセミナーに入ると伝えました。

受講生が求めている情報は昔と変わっていない。
私が現場に立てばなんとかなるかもしれない。
後輩にもコツを教えてあげれば、すぐにできるようになる。

ご飯プラン初日にして、一つの希望が見えてきました。そして、次に取り組んだのは講師への指導と講座の改善でした。

すでに、卒業生の結果は良かったのですが、講師が頑張りすぎて辞めてしまうという事態が起きていました。受講生のために！という気持ちが強すぎて、受講生のメンタルサポートをしすぎてしまい、本業のデザインの仕事と両立できなくなっていたのです。

そこで私は講師の働く環境を整えることにしました。テキストやマニュアルを改善したり、受講生のやる気をアップさせる「ラジオふう番組」を撮影して送るようにしたりしました。

そして、添削会の指導方法も伝え直しました。後輩でもできるようにと仕組み化する中で抜け落ちてしまっていた、朝早くの勉強会を開催して、伝え方を徹底的に教えました。

やってみると講座のほうでも、昔私が大切にしていたことが抜けてしまっていると気づきました。私が現場にいなかったことで、変わってしまっていたことはとても多かったのです。

そして忘れてはいけないのが、一緒に働いている会社の仲間であるスタッフのサポートです。当時、会社がピンチだということを知らないスタッフもいました。春に入社する新入社員も、もちろん知りません。

私と大坪さんは話し合い、正直に今の状況を伝えることにしました。

「会社の業績は赤字で、業績が上がらないと倒産してしまうかもしれません。それでも私と大坪さんは会社を立て直そうとしています。皆さんが転職するのも仕方がないけれど、一緒に立て直したいと思っています」

驚く人、不安になる人もいれば、「逆に燃えてきました！」と言う人もいました。ありがたいことに、その後人数は少なくなったものの、会社に想いのある頼り甲斐のある社員が残ってくれました。

「早く言ってほしかった。もっと力になれたと思う。大坪さんも久保さんも本当に水臭いですよ！」

と、ある社員に言われました。確かに会社が好きで守りたいと思っているのは私たちだけじゃなかった。

社員に会社のピンチを伝えてからは、さらに改善が加速しました。「会社を守る！」とチームで一丸となり、毎日夜遅くまで働いていました。私もリーダーとして、とにかく毎日必死で行動していました。大坪さんの「ご飯プランの人、ご飯食べるか？」のメッセージをもらうまで「今日まだ何も食べてなかった！」と気づかない日も多かったくらいです。

家には寝に帰るだけ。口の中がパサパサになるくらい、Zoomで12時間以上しゃべり続ける日もあったり、気づかないうちに寝落ちしてしまったりしたことも何度もありました。

でも私はそんな日々に幸せを感じていました。それは、スクールを作った当時のような気持ちいい疲れを感じていたからです。

寝る前や電車で帰るときに「今日も頑張った！　やり切った！」そう思える毎日を過ごせたのは、本当に幸せでした。

何よりも、やり切ったあとに大坪さんの手料理（こちらも節約のため具材はセールの食材）を後輩たちといただくのがいちばん幸せな時間でした。

最近会社であった出来事や悩みを聞いたり、スクールで起こった面白いことを話したりして、たわいもないことでみんなが笑う。私には仲間がいて、受講生に愛されるデザインスクールを開催できている。気づけば私は自然に笑えるようになっていました。

そんな小さな毎日の幸せをしばらくの間、見失ってしまっていたんだな、と気づきました。本当の幸せは足元にあったんだと。

そして、私がご飯プランで働きだしてから4カ月。
デザインスクールの売上は徐々に回復していきました。

私と大坪さんは1年ほど無給で無休になりましたが、社員のお給料を待たせたりすることもなく払い続けることができ、なんと春から入社してきた新入社員たちも誰一人クビを切らず、仲間として受け入れることができました。

このときの入社式とウェルカムパーティー（節約のため全て手作りで開催）では挨拶をさせていただきましたが、無事にみんなを迎えられたことのうれしさで号泣していたのを覚えています。

振り返ると、会社が倒産しそうになってから必死に頑張ってきましたが、その道のりは孤独とは無縁のものでした。めげそうになったときに支えてくれたカウンセラーのお友達がいました。業績が上がらない中でも信じてついてきてくれる講師がいました。深夜に夜食を作ってくれる大坪さんも、社員もいました。私がうまく笑えずに、それでも撮影した動画を見てくれた方がいました。不安なときに何人もの占い師に頼ったこともあります。

悩んでいたときは、まるで自分が一人ぼっちで味方は誰もいないように思っていましたが、本当は、私は一人ではなかったのです。

会社が倒産しそうになって初めて、私は大切なことに気づきました。

★山あり谷あり私あり

ここまで私の人生で起きたストーリーを赤裸々にお伝えしてきました。

できれば働きたくないと思っていた私は、ＷＥＢデザイナーになりたい！という憧れを抱き、現場でたくさんの経験をして変わっていきました。

20代は、できれば努力したくない、できれば頑張りたくないと思っていた私が、30代で会社のために全力で頑張ることができたのです。

もともと根性なしでポンコツの私がここまで変われたのは、きっと「こうなりたい」という希望があったからだと思っています。

クリエイティブ業界への憧れ、そして、経営者への憧れが私を変えてくれました。大変なときを乗り越える勇気や、仕事の楽しさを知ることができました。

仕事は楽しいことばかりではないけれど、たくさんの経験や出会いを与えてくれます。頑張った分だけ、ご褒美もやってきます。

あなたがもし今、やる気が出なかったり、自分に自信を持てなかったりしていたら、ぜひやりたいことを見つけて挑戦してほしいと思います。

憧れることがあれば、どんどん挑戦してほしいです。

初めは少し怖いかもしれないですが、きっと新しい世界が目の前に広がります。

そして、新しい自分に出会うことができます。

人生は山あり谷ありです。
山は高ければ高いほど、登ると素晴らしい青空や風景を見ることができます。谷は深ければ深いほど、降りると美しい川や生き物を見ることができます。それは、山や谷に行った経験のある人にしか見られない景色です。

私の人生にもいろいろなことがありました。人よりも失敗や挫折が多かったと思います。上り調子のときでも、下り調子のときでも、何に目を向けるかで、私たちが得られる価値や感動はまったく違ったものになります。

先が見えずに苦しいときもあると思います。
心が折れそうになるときもあると思います。
もう諦めたいと思うときもあると思います。

そんなとき思い出してみてください。

私のように、山あり谷ありだけれども、山あり谷ありだからこそ、面白い人生ストーリーを生きることができた人もいることを。

私たちは生き方と働き方を変えることを通じて、自分自身の人生をより良くすることができる。

より良い人生を生きるあなたを、私は応援しています。

Chapter 2

こわがりで傷つきやすいあなたに贈る

上手な心の守り方と幸せの見つけ方

後半では、根性なしでも生き残る心の守り方（メンタルケア）についてお伝えしたいと思います。

これは根性なしでびびりな私が、仕事現場で培ってきたメンタルケア方法です。

仕事を頑張っていると、必ず壁がやってきます。失敗することや落ち込むこともあると思います。

前半でお伝えしたように私も多くの挫折や壁にぶちあたってきました。特にクリエイティブなお仕事やフリーランスで働かれている人、起業家はメンタルをやられるような出来事もよく起きると思います。

私は実はあまり心が強くないタイプなので、メンタル系の本をたくさん読んだり、実際にプロの方にカウンセリングをしていただいたりして自分を守ってきました。

メンタルケアを学んでいなければどこかで挫折をしてしまったかもしれません。

一生懸命仕事をして、目標高く頑張っていた人が、ある日突然ポキッと心が折れてしまう……、なんてことをよく見てきています。頑張っているからこそ、心が疲弊してしまったり自分を見失ってしまったりするのです。私も何度か心が疲れてしまったことがあるので、よく分かります。

でも安心してほしいです。心は考え方を少し変えたり、ちょっとした気分転換をしたりすることで守ることができます。

あなたには苦しい思いをしてほしくないので、仕事や人間関係を楽しむ秘訣をまとめてお伝えしたいと思います。不器用なままでも幸せになれる方法、しかも、すべて私が実践してみて、今もうまくいっていると感じたものだけをお伝えします。

そして、まずやってみてほしい「心を守る幸せアクション」も書きました。悩んだときにぜひ実践してほしいと思います。

私が実践してきたメンタルケアで、あなたの心を守ることができたら、とてもうれしいです。

★落ち込んだ自分を上手に癒やすための考え方

●落ち込むのは12時までと決めよう

お仕事をしていると落ち込むことってありますよね。

特に何かに挑戦しているときとか自分が本当にやりたい！と思っていることを仕事にしているときはちょっとしたことで凹みやすいものです。

私もＷＥＢデザイナー駆け出しの頃は、ちょっとしたことでずいぶん凹んでいました。

例えば、納品に間に合わなくて先輩に全部作り直してもらったとき、何時間もかけて作ったバナーを大坪さんに秒で「微妙」と言われたとき、お客さんの希望を汲み取れずに「帰っていい」と言われたとき……。思い出すとキリがないくらいの失敗がありました。

そのたびに「私って向いてないのかな……」と落ち込んでいました。

初めは落ち込むのも無理ないと思っていたし、性格を変えることもできないから、どうしようもないと思っていました。しかし、何度も落ち込むような出来事がやってくるので、「これはいずれ嫌になるぞ！」と気づき、回復するすべを身につけました。

特にクリエイティブ業界には正解があるわけではないので、お客さんとのミスコミュニケーションや、やり直しが出やすいのです。

毎回凹んでしまっていると、身が持たない!!ということで、落ち込みすぎないために必要な考え方を教えます。

さて、ここで質問です。

ポジティブさんとネガティブさんの違いって、なんだか分かりますか？

あなたが今少しでも、「ポジティブになりたい」「ネガティブ思考の自分を脱したい」と思っているなら、ぜひ一度考えてみてほしいです。答えは一つだけではないのですが、ここでは私が考えている最も大きな違いをお伝えしますね。

ポジティブさんとネガティブさんの違い、それは、問題が起きたときの「回復の早さ」です。これまで多くの方の相談に乗ってきて、ポジティブさんは回復までの時間が短く、ネガティブさんは回復までの時間が長いことが多いと分かったのです。

何か問題が起きたとき、私たちは、

①問題を受け止める
②理解する
③回復する方法を見つける
④気持ちを切り替える

という順で乗り越えます。

実はポジティブな人は、ネガティブな人に比べてこのステップを進むスピードが速いんです。例えばポジティブな人は、すごく嫌なことがあって落ち込んでいたとしても、翌日には復活していたりします。

逆にネガティブさんは、いつまでも同じところにとどまる傾向にあります。ぐるぐると同じことばかり考えて傷に浸ってしまうんです。そうすると、ひどいときには自律神経失調症や、うつ病になってしまうこともあります。

「好きで落ち込んでいるわけじゃない！」と思うかもしれませんが、実は、回復しようと

本気で思っていない場合が意外と多いんです。なぜなら、落ち込んでいると周りの人が優しくしてくれたり心配してくれたりするから。

これは私たちが小さい頃、泣いたらお母さんが構ってくれたり、落ち込んでいたら先生が優しくしてくれたりといった経験からきていて、無意識のうちに誰かが話しかけてくれるのを待っているのです。だから仕方ないことでもあるのですが、幸せになりたいなら、ここを変えなければいけません。

有名番組をプロデュースしている知り合いがいるのですが、その人はこれまで何十もの番組を作ってきているのに、今でも作った番組の視聴率が悪いとひどく落ち込むそうです。でも、落ち込むのはお昼の12時まで。朝一番に前日の視聴率を見て、昼まではこれ以上ないくらいしっかり落ち込む。でもその分、午後からは頭を切り替えて頑張るそうです。

これは良いな！と思って、私も真似しています。もし午前中に嫌なことがあったら、お昼の12時まで。夜に嫌なことがあったら夜の12時まではオーバーすぎるくらい全力で落ち込んで、それ以降は引きずらないと決める。

このやり方を取り入れてからは、私は必要以上にネガティブ感情に浸って、いつまでもウジウジしてしまうことがなくなりました。

ポジティブさんとネガティブさんの大きな違いは、「問題が起きたときの回復力」。ネガティブな気持ちに浸るのは本当に悲しい出来事があったときだけにして、それ以外は落ち込むタイムリミットを決めてみてください。

心を守る幸せアクション

落ち込むときは期限を決めてしっかり落ち込む。
その代わり、期限が過ぎたら頭を切り替えるようにしてみましょう！

●嫉妬＝あなたが変われるチャンス

私も昔は、器用だったりセンスが良かったり頭の回転が速かったり……自分にないものを持っている人たちによく嫉妬していました。

私のスクールでも嫉妬からの落ち込みで悩んでいる人がいます。

添削会にワクワクな気持ちで参加したものの、ほかの受講生の作品を見て一気に落ち込んでしまう。さっきまでいい感じに見えていた自分のバナーがなんだか急に下手くそに見えてしまう……。どうしてもほかの方の作品が自分よりも上手に見えて落ち込んでしまうのです。

「チーム全員すっごく上手で落ち込んでしまいました」

なんて声もよく聞こえてきます。

こんなとき私は、「全員できてないほうが不安じゃない？」と言います。

受講費を払って授業を受けていて、同じチームの人が誰一人うまくなかったら……、そのほうが絶対に不安になるよね？と伝えるのです。すると面白いことに、みんな「確かにそうですね」となります。

反射的に「あなたはダメだ」と言われているような気になるだけで、実際は自分にも同じようにできる可能性があるケースが多いです。

相手のすてきなところに気づけるのは、自分にもあるからだと教えてもらったことがあります。そう、嫉妬するってことは、自分にも可能性があるっていうこと。

嫉妬する気持ちをマイナスに使うのではなく、うまく利用することができると、自分にとって良いことがたくさんあります。

ここでは、嫉妬の感情をハッピーに対処するコツをお伝えしますね。

まずは第一ステップとして「嫉妬する相手」→「憧れの相手」に転換させてみましょう。これだけでも、心はかなり楽になります。

憧れの芸能人と比べて嫉妬して落ち込むことって、あまりないと思います。それよりも、「いいな〜、すてきだな〜」という気持ちになることが多いはずです。

遠い存在は憧れになりますが、どういうわけか近い存在は嫉妬になってしまいます。でも、たとえ近い存在でも、「憧れ」と認めてしまえば、嫉妬の感情は消えていきます。

「悔しい！」「私だって！」という感情はとりあえず横に置いておいて、「憧れちゃうな〜」

と、一度声に出して言ってみましょう（声に出してみるのがポイントです！）。

続いて第二ステップ。

憧れ認定をしたあの人の良いところを真似してみましょう。

あなたが憧れるポイントを取り入れてみるのです。取り入れたいところだけで大丈夫ですし、自分らしさは残したままで大丈夫です。全部を真似する必要はありません。

彼女が着ている洋服のテイストを真似してみる。似たようなアクセサリーを買ってみる。勇気を出して、普段どこで買い物をしているのか聞いてみてもいいですね。もしかしたら、一緒に買い物に行こうと言ってくれるかもしれません。

話し方やしぐさも「すてきだな」と思うところはどんどん真似しちゃってください。

この2つのステップを試してみると、嫉妬や劣等感が小さくなるし、自信も生まれてきます。憧れることで、相手のことがもっと好きになれたりもします。

実は、嫉妬や劣等感が現れるときって「自分にも可能性がある」と心のどこかで思っているときだそう。あなたの潜在意識が、自分にもなれるはずだと認識しているから嫉妬してしまうらしいのです。つまり、心の奥底では追いつくことも可能だと分かっているということ。そうでないと嫉妬という感情は出てこないそうです。感情って、面白いです。

もし今あなたが、誰かと比べて落ち込んでしまったり、嫉妬してしまったりしているなら、その人は、あなたを不幸にする存在ではなく、あなたがもっと魅力的になる可能性を教えてくれる、ギフトパーソンなのです。

心を守る幸せアクション

嫉妬を憧れに変えましょう。

「憧れちゃうな〜」と声に出してみる。そして、憧れるところを少しだけ真似してみる。嫉妬も劣等感も、「憧れ」に変えるだけであなた自身がもっと魅力的に変われるチャンスになります。

●アドバイスと否定はまったく別物なのです

スキルアップしたり成長したりするためには誰かからアドバイスを受けることがいちばんの近道です。

特に私が大坪さんにコテンパンにされたように、自分が目指す目標をすでに叶えている方からアドバイスをもらえると驚くほどレベルアップします。

自分では1年経っても気づかなかったことを数秒で教えてもらえる。特にデザインの世界は「クオリティの低いもの」と「クオリティの高いもの」の差が分からないので、フィードバックはとても大事です。

ただ、メンタル的にアドバイスをされるのが苦手な方がいるかなと思います。

嫉妬の例と同じで、アドバイスを受けると「あなたはダメだ」と言われているような気がしてしまうのです。

例えば、スクールの受講生の作品を添削していると、私の言葉がグサッと刺さってしまったのか、すごく落ち込んでしまう人がいます。添削会のときは細心の注意を払っているので、いい所もたくさん伝えたり、ちょっと面白いことでも言って笑いを取ったり、傷つけないようにしたりといろいろと工夫はしているのですが、本人のレベルアップのためには、時に厳しいことも伝えないといけないこともあります。

制作現場でも先輩からアドバイスを受けて、傷ついて辞めてしまうなんてことはよくあります（その気持ちはすごく分かります……）。

落ち込むことは悪いことじゃないです。それくらい真剣に取り組んでいた、ということですから。ただ、アドバイスと否定が頭の中で切り分けられないと、頑張れば頑張るほど不幸になってしまいます。

アドバイスと否定は、表面上は似ていますが根本はまったく違います。この2つを一緒にしてしまうと、せっかくのギフトが受け取れなくなってしまうのです。

私も大坪さんと出会ったばかりの頃は、「センスがない」とか「服装がダサい」とかなんとか、いろんなことを言われました。当初はそれを「否定された」ととらえてしまい、いつも落ち込んだり、「なんでそんなこと言われなきゃいけないんですか！」と怒ったりしてしまいました。

でも、それらも本当は、アドバイスだったんです。私がＷＥＢデザインの講師として一人前になって、受講生のためになりたい！と真剣だったからこそ事実を伝えてくれていたのです（事実を伝えた結果が「センスがない」「ダサい」って、なんか悲しいですが……）。

アドバイスをもらえていることに気づかず、ずっと否定されていると思っていたら、落ち込むばかりで何も変われませんし、何よりアドバイスをくれた人に失礼です。

ネガティブなことを言われたら、「否定されたー！」と反応せずに、一度立ち止まって、「今のは否定かな？　もしかしたらアドバイスかもしれない」と考えてみてください。

ただ、悲しいことに「相手を否定したがる人」がいます。それも、「あなたのため」なんて言いながら否定してくることも。そういう人たちは「自分の意見を言って気持ちよくなりたい」と思っていたり、「あなたが幸せになるのを邪魔したい」と考えていたりします。ひどいですよね。

ネガティブな意見は一度受け取ってみて、「あれ？　なんか違うな？」「これはアドバイスではなくないか？」と感じたら、「ありがとうございます」とだけ言って去りましょう。落ち込んでしまってはダメです。そんな否定に、あなたの大切な時間もエネルギーも使う必要はないのです。トイレの水を流すイメージで、否定語は手放すようにしてください。

必要なアドバイスはしっかり受け取って、不必要な否定はサラッと受け流す。これはすべての学生・社会人に必須のスキルなんじゃないかなと思っています。

心を守る幸せアクション

ネガティブなことを言われたら、一度立ち止まってそれがアドバイスなのかただの否定なのかを考えてみましょう。
アドバイスだったら、それはあなたへの大事なギフトなので、しっかり受け取ってください。ただの否定だったら、「ありがとうございます」とだけ伝えて流しちゃってOKです！

●ネガティブではなくポジティブを数えよう

メンタルケアを頑張っていても、落ち込むことが続いたり、大きな失敗をしてしまってズーンと沈んでしまったりすることってありますよね。

私も忙しすぎて余裕がなくなるときやうまくいかないことが続くときには、どうしてもネガティブな気持ちになってしまいます。特に、自分的には頑張っているのになかなか結果が出ないときや、チームメンバーの誰かの失敗でうまくいかないときはすごく苦しい。人間関係のトラブルなど、思いもよらぬ壁が目の前に出現して絶望的に感じることがあります。

どうして自分だけがこんな思いをしなきゃいけないんだろう。
どうしてこんなに頑張っているのに結果が出ないんだろう。

私は、悲しいことがあるとネガティブにドップリ浸かってしまうタイプなので、ダメなときは、ベッドに「緊急避難」します。
あれもこれもうまくいかなくて、手が止まり、動けなくなってしまうのは、人間の本能のようなもので、避けられません。

「落ち込むのは12時までと決める」というアドバイスをお伝えしましたが、それでも乗り切れないときの対処法をお伝えします。

まずは、しっかり落ち込みます。「もうダメだ～、苦しいよ～」とウダウダするのって、意外とエネルギーを消耗するんですよね。

ウダウダするのに疲れると、そのあとはもうやることがなくなるので、最終的にはやっぱり頑張ろうと動き出すのですが、そのときによくやるのが、うまくいっていること（＝ポジティブなこと）を見つけるワークです。

- ○○はうまくいっているかもしれない
- ○○のときと比べたら良いかもしれない

こんな感じで、まだマシと思える理由を探していきます。

ポジティブを見つけるのは、最初は難しいのですが、慣れてくるとポンポンと見つけられるようになりますよ。例を挙げてみます。

例：仕事でミスをしてしまった場合

- 1カ月前に起こしたミスよりはマシだな
- 明日頑張ればまだ取り返せるかもしれないな
- こんなミスでクビになることはないかな
- フォローしてくれた先輩が優しかったな
- しっかり謝罪できた自分、えらいな
- ミスをごまかさずに報告した私、天才かも

こんな感じです。

ネガティブに押しつぶされそうなときは、こうやって、ポジティブを意識的に作って、そちらに意識を向けてみてください。1回でダメだったら、繰り返し繰り返し、頭の中で唱えながら、そうだそうだ、と心で受け止めます。そうすると、不思議と悲劇的な気分から脱出できるのです。

人生は、ポジティブなことばかりじゃないですよね。私だって落ち込むことはありますが、いつだって希望はあると信じています。

心を守る幸せアクション

落ち込みの沼からなかなか抜け出せないときは、心の中にスーパーポジティブな自分を飼って、ポジティブに変換しまくってみましょう。

慣れるまでは難しいですが、慣れたらだんだん楽しくなってきて、気がついたら落ち込みの沼から抜け出しています。

●幸せになりたいなら、感情に蓋をしないで

夢に向かって一生懸命になると、私たちはつい感情のことをほったらかしにしてしまいます。

私も全力モードで頑張っていたときにはつい「苦しいけど我慢」「やりたくないとか言ってられない！」みたいに、感情につい蓋をしてしまうことが多くありました。でもこ

れって、本当に良くないことです。

子どもの頃は誰もが自由に表現していた感情ですが、あなたは今どのくらい、自分の感情を表に出しているでしょうか？


大人なんだから、社会人なんだから、感情的になってはいけない。

イライラしちゃいけない、感情に振り回されてはいけない、そう先輩に教えられてきた方も多いと思います。

ですが、何かに挑戦しているときに感情を表に出さず、我慢しているとどうなるでしょうか。

初めは平気でもきっとそのうち爆発してしまいます。

ここからは、感情のことをちょっとだけ具体的にお話ししていきたいと思います。


あるとき後輩に、デザインの仕事をお願いしていました。

その後輩は比較的デザインが上手ですし、何より楽しそうに作ってくれていたので大丈夫かなと思っていたのですが……。

数カ月後、私との面談で彼女は泣き出してしまいました。そして「もう会社を辞めようと思っています」とのこと。

どうして⁉ 数カ月前はあんなに楽しそうだったのに⁉

泣いてしまうくらい苦しくなるまで気づけなかった私の責任でもあるのですが、よくよく話を聞いてみるとやはり、感情に蓋をしてしまっていたことが原因でした。

最初こそ順調にデザインの仕事ができていた彼女ですが、だんだん依頼のレベルが高くなってきて、先輩からのフィードバックのレベルも上がって、うまく作れない自分にイライラしたり悲しくなったりしていたそうです。

この頃から、ちょっとずつ「やりたくないな」「会社に行きたくないな」と感じることが多くなったそうですが、「これは仕事だから」「やるしかないから」と、感情に蓋をして頑張り続けていました。

その状態のまま頑張った結果、朝起きて会社に向かおうとするとおなかが痛くなってしまったり、デザインを作ろうとパソコンを開いたら手が震えてしまったり涙が出てきてしまったり、という大変な状態になってしまったのです。

では、彼女はどうすべきだったのでしょうか。私だったらこのようにします。

まず、デザインが苦しくなってきたら、
・どうしてデザインするのが苦しくなってきたのか
・デザインの何が苦しいのか
・どうすればデザインを楽しめるのか
・何なら楽しいと思えるのか
などを考えてみます。

そして、できるなら苦しまずにデザインをやる方法を試してみます。
または、自分なりに分析したことを、先輩に相談してみます。
「デザインはやりたくない」だけを先輩に言っても、「仕事だからそんなこと言うな」「みんなやりたくない中でやっている」みたいなことを返されてしまうかもしれません。「やりたくない」だけだと、怠惰とみなしてしまう人が多いからです。
でも、「昔に比べてデザインを作るのに時間がかかってしまって、いつも時間に追われていてつらいんです」「デザインを作るのは好きなんですけど、完成した作品がなんだかイマイチで、完成させるのが最近は怖いです」みたいに、ちゃんと分析した結果を詳細に伝えれば、おそらく先輩は、良いアドバイスをくれるはずです。

ちなみに私が1年ほどお世話になった制作会社は、みんながいい感じでほどほどに感情をオープンにしていました。

「やばい!! 今日納品なのに全然できてないよ〜、泣く!!」
「先輩ひどい! デザインがダサいってそんなに笑わなくても」
みたいな会話で毎日賑わってました。

私も自然とよく泣いたり笑ったり怒ったりしていましたね。
ピンチなときほど「やば〜〜い!!」って天井を向いて叫んでいました(笑)。

そんなふうにいい意味でサークルノリなほうが、クリエイティブ業界では生き残れる確率が高いと思います。逆にすごく真面目な人ほど深刻になりすぎて潰れてしまうのです。

そして、実は感情はもっとうまくいくためのヒントをくれるギフトでもあります。
「苦しい」という感情だけを切り取るとすごくネガティブで嫌〜なものですが、ちゃんと苦しいという感情を深く掘っていくと、大事なヒントが眠っていることが多いのです。

ポジティブな感情でもそうです。うれしいと感じたとき、ワクワクしたとき、その気持ちを無視せずにちゃんと受け取って、「どうしてそう思ったんだろう?」と、感情に耳を傾けてみてください。

そのうれしい気持ち、悲しい気持ち、ワクワクした気持ち、イライラした気持ち、すべてあなたが幸せになるために、すっごく大事なものなんです。

心を守る幸せアクション

ポジティブな感情もネガティブな感情も、幸せになるために必要なギフトです。どうしてそう感じたんだろう? どうすれば(もっと)ハッピーに感じられるだろう?と考える習慣をつけてみてください。

●苦しかったら、辞めてもいいんだよ

仕事をしているとふと「辞めたくなるとき」がやってくることがあります。特に仕事を始めたばかりの頃は慣れないことや上手くいかないことが多くて、「辞めたい」という4文字が頭に浮かぶときがあります。

もちろん私もそう思ったことがあるし、実際にデザインから離れていたこともありました。特にデザインのお仕事はメンタルが作品に表れます。メンタルが安定しているときはサクサク進む制作が、疲れていたり気持ちが沈んでいたりするときには驚くほど進まないのです。

やることすべてが間違っているような気持ちになって、どんなに優秀な人でもデザインをまったく楽しめない時期がきっとあると思います。これはクリエイターあるあるだと私は思っているので安心してほしいです。

卒業生から、「デザインで頑張っていきたいけど、苦しいんです。自信を持てないし、

今の仕事を辞めるべきかも分からないし、いろいろ悩んでしまって、どうしたらいいか分からなくなっちゃいました」と相談を受けたことがあります。

私が伝えたアドバイスは、「苦しかったら、辞めてもいいんだよ」でした。辞めるのと、逃げるのは全然違います。苦しかったり、やりたくないなと思ったりしたら、辞めちゃっていいんです。

ただ、気をつけてほしいことがあります。すぐに辞める判断をするのではなくて、

- 何がそんなに苦しいのか
- どうして自信を持てないのか
- どうすれば苦しくなくなるのか
- デザインを続けるメリットは？
- デザインを続けるデメリットは？
- どうしてデザインをやろうと思ったんだっけ？
- 辞めた自分と続けた自分、どっちの自分のほうが好き？

などなど、たくさん自分に質問してください。

そして、続けるメリットとデメリットを天秤にかけて、今は辞めたほうが幸せになれる

と判断したら、そのときはキッパリ辞めちゃってください。私もそうやって判断して、一旦ストップしていることが実はたくさんあります。

大事なのは、納得するまでちゃんと考えて、自分で判断を下すこと。

そうすれば、無理なく手を離すことができます。

いちばんおすすめできないのは、考えずに辞めること。

とりあえず苦しいから、デザインを辞める。

そうすることで一時的に苦しみからは解放されるかもしれませんが、苦しい原因がデザインじゃなかったとしたら、辞めても幸せにはなれませんし、もしかしたらデザインを続けていたほうが幸せになれたかもしれません。

次に何かに挑戦してもまた苦しくなって、根本の原因が分からないまま逃げて、いつまでも幸せになることができなくて、もっともっと苦しくなってしまいます。

また、反対に、辞めることを自分に禁じている人もたくさんいます。

「自分で始めたんだから、やり切る」という思い。これも確かに大事なマインドですが、やり切るのと、苦しい原因と向き合わないのはまた別の話。

苦しい原因と向き合わずに、「やると決めたことだから」「やらなきゃいけないから」と言い続けてやり切っても、その先に幸せは待っていません。

感情は自分のことを知るためのギフトです。「苦しいな～」という感情も大切なギフトです。だから向き合わないともったいない。

「辞めてもいい」と、自分に許可を出して、そのうえで自分が苦しんでいる原因と向き合う。簡単なことではないですが、幸せになるためには大切なステップです。

そして、「辞める」は一生やらないことではないというのも覚えておいてください。

今がタイミングではなかっただけで、本当に必要なことなら、いつかぴったりなタイミングが、もっと好条件でやってきます。

実は私も、デザインのスランプに陥って嫌になって、デザインを作ろうとすると涙が出てきてしまうので、デザインから離れていたときがあります。それでも、本当に好きなことだったから、またチャンスが巡ってきてデザイナーに戻ることができました。

苦しい気持ちでデザインをするのが悲しかったので「辞めてもいい」と自分に言葉をかけました。たくさん自分の感情と向き合った結果でしたから、一度辞めたことに後悔はなかったのですが、一度離れたからこそ気づいたデザインの楽しさがあり、もう一度やってみることにしたのです。

苦しいときに無理して続けていたら、きっと私は「二度とデザインしたくない」と、デザインから一生離れてしまっていたかもしれません。

好きで続けたい仕事だからこそ、一度休んでみるのもありだと私は思います。

心を守る幸せアクション

苦しかったら一度立ち止まりましょう。

「やらなきゃいけない」を手放して「辞めてもいい」と許可します。

そして、どうして自分が苦しいのかを真剣に考えてみてください。

辞めるか続けるかに正解はなくて、「自分で納得のいく答え」が正解です。

●言い訳しちゃう自分も許してOK

言い訳したくなる気持ちは、とってもよく分かります。私もよく言っていたし、今でもたまに言うのだから（笑）。

そして、「それって言い訳だよね？」と言われるときのムカつく気持ちも、よーく分かります。特に自分なりに頑張っているときほど、「言い訳だよね？」と言われると、相手がとてもひどい人に見えるくらいムカつきますよね。

だからこそ「言い訳だよね？」を人から言われる前に、自分でチェックするのがおすすめ。

人に言われるのはいちばん嫌だから、「でも」「だって」「だけど」を連発しているかもと思ったときは、自分で自分にそっとささやきます。「あれ？　これって、もしかしてだけど、言い訳というやつでしょうか？」と。このくらいの感じで自分に問いかけてみるのです。

すると、「あれ？　もしかして？　そうかもしれない？」という感じで緩く認められるのです。

「言い訳をするなんて、いつもの私らしくないかもね」と続けて言ってあげてください。自分で優しく問いかけると、「そうだね～、言い訳かもしれないな、てへ」と素直にかわいく、認められるような気がするんです。

ポイントは、言い訳しちゃった自分を責めないこと。許してOKです。誰だってつい言い訳は出ちゃうもの。誰かに出す前に自分で気づけただけでもめちゃくちゃすごいことなのを忘れずに。

そして、「言い訳してしまったな」と認めたあとは、「本当はどうしたい？」と聞いてみると、主体的な答えが出てきたりします。すぐ出ないときもあるけれど、やがて時間が経ってから出てくるときもありますよ。

言い訳をやめろ、と人に言われるのは本当にムカつく！（笑）

だからこそ、言われる前に自分で認めることにしましょう。

心を守る幸せアクション

誰にでも、言い訳をしちゃうときはある。だから言い訳をしちゃう自分をまずは許しましょう。そして、優しく「本当はどうしたい？」と、心に聞いてみてください。

●間違いに気がついたら、すぐに謝る

私は完璧ではなく、むしろ苦手なことのほうが多い人間です。なので、「これが正しい！」と思ってやっていたことが間違っていて、先輩や後輩、クライアントに迷惑をかけてしまうこともあります。

特にチームで仕事をしているときには、価値観の違いや意見のすれ違いで不穏な空気が流れることもあります。言われたことをやっていたらぶつかることなんてないけれど、主

体的に仕事をするようになると「自分が間違っていた」なんてこともやはり、起きます。

そんなとき私は、すぐに謝る、と決めています。

大坪さんのアシスタント時代もそうでした。

プログラミング言語を使ってソースコードを書く作業のことをコーディングといいますが、そのコーディングが全然できずに、むしろ間違えて壊していた私。「ちゃんとやっているのに壊れました……！」と大坪さんにブーブー文句を言っていました。そのときは謎の自信があり、自分は間違っていない！と思っていましたが、大坪さんにパソコンを渡して数秒でミスが発覚!!　すぐに「ごめんなさい、私が間違っていました！」と謝り、許してもらいました。大坪さんはきちんと謝れば許してくれる人で、それ以上責められることはなく本当にありがたかったですが、やはりすぐに謝れるかどうかは、チームメンバーと気持ちよく仕事をする秘訣だと思います。

たとえ相手が、まだ入社して1カ月目の新人だったとしても、私は同じだと思いますが、実はこれが意外と難しいのです。

自分のほうが経験が長いのに、相手が正しかったと認めるのはとても苦しいですし、何より先輩の威厳のようなものを失ってしまうような気がするからです。

私の会社に、ちょっとカッコつけたがりなスタッフがいました。そのスタッフは頭が冴えているとても優秀なタイプで、後輩に対してもしっかり指導してくれていました。

それでも、完璧ではないので時々ミスもあります。そのとき彼は先輩としての威厳を保つために、ミスを認めずうやむやのまま進めてしまったことがありました。

ただ、そういうミスはその場ではなんとかやり過ごせても、あとから矛盾が生じてしまいます。そのときも、あとで彼の後輩から、「あれ、○○さんからはこうやるよう教わったんですけど……」と言われてミスが発覚しました。

きっと彼も、本当は間違っていたと気づいていながら、なんとかしようとするのはつらかったはずです。気持ちはとってもよく分かります。

ミスを認めて謝るのはつらいですが、やってみると意外とスッキリします。逆に、ミスを認めないままなんとかしようとすると、どんどん自分の首を絞めることになってしまって、余計につらいです。

私はそのスタッフに、誰しも間違うことはある、間違ったときにはそれを認めると人間としての魅力が出てくるよ、と伝えました。

もちろん、仕事なのでミスはしないほうがいいです。

でも、どうせ誰だってミスしてしまうんです。

あなたの後輩は、今日も自分のミスに落ち込んでいます。そんなときに先輩もミスをして、それを堂々と認めて謝っていたら、なんだかカッコイイし「同じ人間なんだな」と思えてきませんか？

実はこれ、親子関係でもいえます。

私がお世話になっているカウンセラーの先生は、子どもとケンカをしたとき、少しでも自分に非があると思ったら、泣いて謝るそうです。

親だから正しい、大人だから正しい、なんてことはありません。

子どもに言ったことが間違っていたっていいんです。そのときは同じ目線に立って、素直に謝りましょう。

そのほうがすごく人間的ですし、自分も気持ちが良いはずです。

心を守る幸せアクション

たとえ後輩や子どもが相手でも、自分にミスがあればすぐに認めて謝りましょう。

心から謝ることができる人でいたいですね。

●大変なときはドラマの主人公になりきる

どうしても「つらいな、大変だな、でも頑張りたいな」というときはあると思います。

例えば、自分でやると決めてお金を払って自己投資をしたとき。

サクサクうまくいくと思っていたのに、思っていたようにはいかず、でも頑張りたくて苦しい、私もしょっちゅうそんなふうになります。

そういうときは、自分はドラマの主人公だと思い込んでみるのがおすすめです。

どんなドラマにも、主人公がつらい中で頑張るシーンがありますよね。その主人公になりきって「今はつらいシーンの撮影なんだ」と思い込んじゃうのです。

もしくは、「あー、この話、乗り越えたらきっと本の良いネタになるな」と思うのも面白いです。事実、私のいろんな話がこうして本になっているわけですが、実際に体験しているときには、まさか本になるなんて、まったく思っていませんでした。

それでも、「本になったら面白いな」と思ったらなんだかへっちゃらになるので、そう思うようにしていたのです。

ドラマや自伝で、いろんな人生の「山あり谷あり」を知るのもすごく元気をもらえます。私のおすすめは、海外ドラマ。海外のドラマと日本のドラマとの違いは大きく2つあると思っています。1つ目はとにかくストーリーが長いこと。2つ目は主人公がめっちゃポジティブなことです。

日本のドラマは3カ月が基本なので、長くても10話くらいですよね。でも、海外ドラマは30～50話くらいあることも。

数が多くて見るのは大変ですが、その分、たくさんの「山あり谷あり」を見ることができます。日本のドラマだと1つか2つの山を越えて終わりますが、海外ドラマなら越えても越えても山や谷だらけで、なんだか私たちの人生と似ているのです。

また、主人公がポジティブなのもすごく良いですね。もちろん日本のドラマにもポジティブな主人公が出てくることもありますが、やはり海外ドラマのポジティブかつ勇敢に壁に立ち向かう姿は、とてもたくさんの勇気をもらえます。

心を守る幸せアクション

つらくて大変、でも頑張りたいなと思ったときは、自分をドラマの主人公だと思い込んでみましょう。もしくは、自分の自伝を書くときのネタになる妄想をしてもいいですね。

こんなふうにとらえ方をちょっと変えるだけでも、つらい気持ちが軽くなります。

★自分で自分をご機嫌にするための考え方

●心の栄養は自分から受け取りにいく

同じくらいのスキルがあって、同じくらいの結果を出していても、人によって全く違うリアクションをすることがあります。一人はとても幸せそうで、一人は全く幸せそうでない。後輩を見ていても不思議だなと感じることがあります。

スクールの受講生も同じで、同じくらいのデザイン力でも自信を持っている人がいれば、まったく自信を持てないという人がいます。スキルもあるし、頑張っているのに幸せそうでない人がいる。

なぜそんなふうになるのか、その原因は「心の栄養を取ってないこと」だと私は思います。これは仕事を楽しむうえでとっても重要なことなので、しっかりお伝えしますね。

心の栄養とは仕事での頑張りを認めてもらうこと。

「ありがとう」「助かってるよ」という言葉や「上手くなったね」「頑張ってるね」のような言葉です。

この言葉たちは自分の心の栄養となって、モチベーションを上げてくれます。

私たちはつい、頑張っていれば勝手に心の栄養が入ってくると思いがちです。

もちろん自分で自分のことを認めてあげることができればそれでいいのですが、やはり人に認めてもらえるとうれしさ倍増なので、自分からもらいに行くことをおすすめします。

私もよく、よくできたな！と思うことを大坪さんに報告して、栄養をいただきに行っています。

自信があるときなら自分から「作ったデザイン、どう？　良いと思いますか？」と聞きにいくこともありますし、「私が作った広告、すごく反応がいいらしくてうれしかった～」「見て！　受講生にこんなお礼の手紙もらっちゃいました」なんてよく報告しています。

大坪さんは忙しいので見てくれないときもありますが、「見て見て～！」とパソコンを持ってトイレの前まで追いかけていくこともあります（笑）。飲み会のときに聞いてもらうのもありです。

結果が出たときには「よかったね」と認めてくれるし、「それはすごいね！」と言ってくれるときがあります。それがとってもうれしくて頑張ろうと思えるのです。

特別褒めてもらえるようなことがなくても、「私は頑張れていると思いますか？」と聞いてみたりして、心の栄養をいただきます。

大坪さんは「まぁ、頑張ってはいるね」と言ってくれて、それで「うん、頑張ってはいる！　もう少しだ！」と気合いが入り、もう一度踏ん張れたりします。

不思議な光景かもしれませんが、儀式のようなものでよくオフィスでやっています。

ほかにも心の栄養をいただく方法として、受講生に「うちのスクールの好きなところ教えて」とお願いしたり、後輩にいいところを褒めてほしい！とリクエストしたりすることもあります。これまた、うれしいことを言ってくれたりして、本当に仕事をやっていてよかったなとジーンときます。

「そんなこと恥ずかしくてできない！」と思われるかもしれませんが、やってみると意外とみんな応えてくれるものです（ぶりっ子とかモジモジしないで、爽やかにお願いするのがポイントです)。

そして、これは家族やパートナーでも同じです。心の栄養が足りていないなら、自分から受け取りにいけばいいのです。

「最近洗濯の仕方を工夫してるんだ! どう? シャツがきれいになってるでしょ?」

「料理の勉強をしてるんだけど、感想を聞かせてくれない?」

「最近デザインの勉強を始めたんだ。こんなバナーを作ったんだけど、どう? 上手じゃない?」

最初はちょこっと恥ずかしいかもしれませんが、慣れてしまえば平気です。

むしろ、この恥ずかしさを乗り越えずに、心の乾燥を無視しちゃうことのほうが大問題。

「これだけやってるのに、ありがとうの一言すらないの⁉」

「なんで頑張ってるのに応援してくれないの!」

乾燥しきった心では、そんなトゲトゲした言葉が出てきてしまったり、

「私はどうせ何をやってもダメなんだ……」

「頑張ったって誰も見てくれない。もう嫌だ」

みたいに、とってもネガティブな気持ちになってしまったり。

そんな方を何人も見てきましたし、実際に私もそういう状態になったことがあるからこそ、言えます。幸せになるためには、心の栄養を受け取りにいく習慣が必要不可欠です。ぜひ今日から、トライしてみましょう。

栄養をもらったら、お返しするのも忘れずに。

心を守る幸せアクション

心の栄養をもらいにいきましょう。

心の栄養は、勝手に降ってくるものではありません。恥ずかしい気持ちをグッとこらえて、「最近○○を頑張ってるんだ」と伝えてみてください。

家族や同僚と、「心の栄養を与え合う日」を作るのも良いかもしれないですね。

● 5分で気分が上がるリストを作っておく

すごく悩んでいるわけでもないけど、なんとなくやる気が出ないときの対処法も知っておきましょう。

何かあったわけじゃないけど、なんとなく気分が上がらない。そんなときは即効性があるメンタルケアを試してみるのも手です。

私は自分の気分が上がるリストを作っています。5分でできるもの、少し時間があればできるものと、分けて使うと良いと思います。

時間がないときでも少しのメンタルケアでストレスを減らしたり、いい気分になったりすることができます。普段からケアしてあげると、不思議と安心できたり幸せを感じやすくなったりするのです。

例えば、私はよく音楽の力を借ります。思考を変えるのは時間がかかりますが、音楽は一瞬で気分を変えてくれる、とても心強い友です。

私が小学生の頃はお気に入りの音楽をカセットテープに一生懸命録音していましたが（世代がばれますね。汗）、今はサブスクリプションサービスで好みの音楽を一瞬で手に入れることができます。とても便利な時代ですね。

これを使わないなんて、もったいない。うまく生活の中に取り入れていきましょう。ただなんとなく聞くのではなくて、ざっくりと目的を決めてセレクトしてから聞いています。

朝：爆上げノリノリ「今日もいくぜ、な気分」
昼：集中できる系「ちょっと今は声かけないで、な気分」
夜：しっとり系「まったりゆらり、な気分」

私はこんな感じで聞いています。私はお気に入りの曲を聴くと、5分で気分がノってくるので、我ながら単純で良いなと思います（笑）。

音楽以外でも、例えばちょっとお高めのチョコレートを1個つまむ、お気に入りのアロマの香りを嗅ぐ、美味しいコーヒーを飲む、などなど……5分で気分が上がるものはたくさんありますよね。

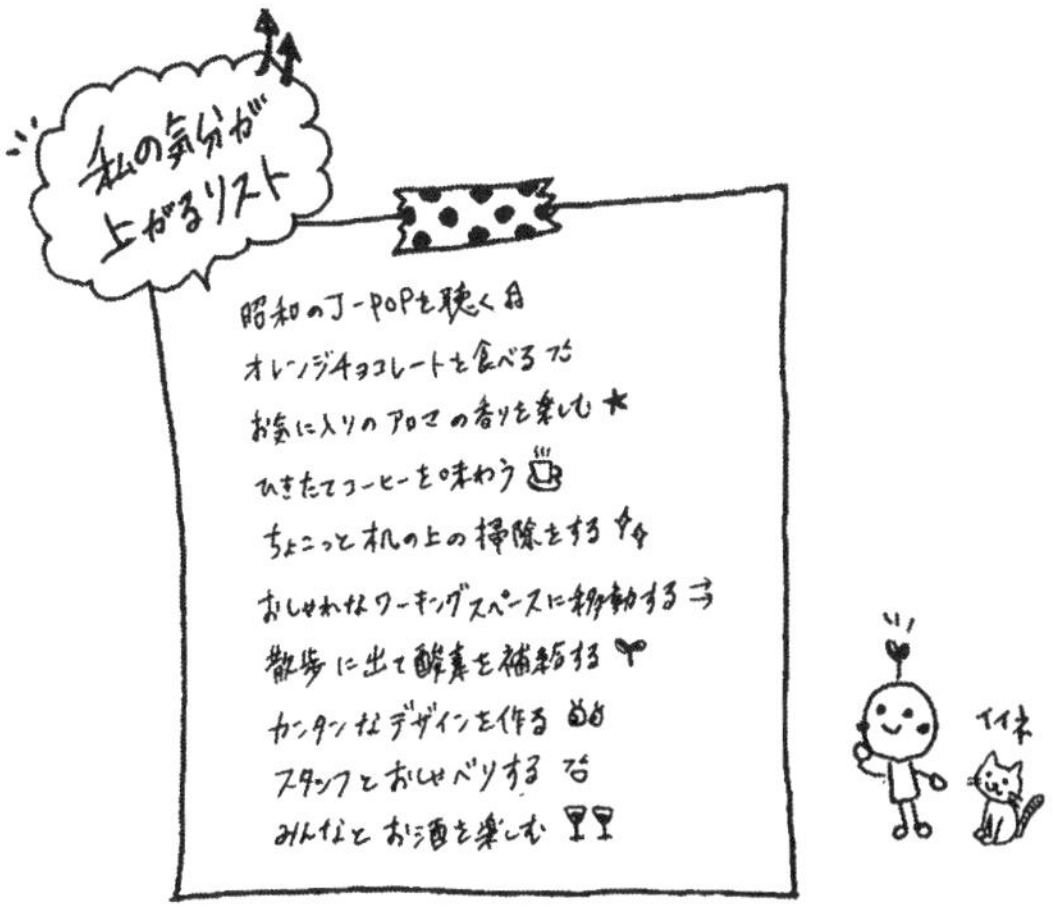

5分では終わりませんが、お気に入りのカフェに行って本を読むとか、映画を見る、ショッピングに行くとかも良いと思います。

とにかく、自分の気分が上がるリストを作っておきましょう。そしてこのリストの項目は、たくさんあればあるほど良いです。項目の数だけ自分のことを幸せにできるということだから。

私は時々、友達に聞き込み調査をしています。「気分を上げたいとき、何してるの～」と聞いてみると、自分では思いつかなかった良いリフレッシュ法を知れたりします。

「それ良いな！」と思ったものは、すぐに自分のリストに追加しちゃいましょう。

心を守る幸せアクション

5分で気分が上がるリストを作ってみましょう。

それができたら、3時間でできるリフレッシュリスト、一日でできる充実リストも作ってみてください。

●ご褒美イベントを予約しよう!

突然ですが、今、スケジュール帳を開いてみてください。

紙の手帳でも、スマホのアプリでも大丈夫です。そして、直近1カ月の予定を見てみましょう。そこに、毎日頑張るあなたをねぎらうイベントや予定はいくつありましたか?

3つ以上あったあなたは合格です。来月も幸せでいられる確率80%。

1つか2つあったあなたはギリギリ合格です。来月も幸せでいられる確率50%。

そして、1つもなかったあなた。ここからは、毎日忙しく頑張っていて、自分をねぎらえていないあなたに伝えたくて書くアドバイスです。

まじめで努力家な人ほど、1つの目標が達成できたらもっと上を目指そうとします。すごく基準の高い人は、「頑張って当たり前」「できて当たり前」と考えてしまいがちなので、休むことなく走り続けてしまいがち。

もちろん、高いところを目指すことは良いことなのですが、ちゃんと給水ポイントを見つけて自分の心を潤さないと、いつかポキッと心が折れてしまいます。

実際に、心が渇いてきているのに無理をした結果、心に病を抱えてしまった人をたくさん見てきました。人間は、私たちが思っている以上に弱いものです。だからお祝いやご褒美は「絶対に必要」なんです。

どうやら我々日本人は、自分を褒めたりねぎらったりするのが苦手のようです。みんな自分のことを褒めようとしません。だから私は、あえて先にスケジュールに入れるようにみんなに伝えています。

ご褒美リスト
□ 海外ドラマをイッキ見する
□ 近所の温泉に行ってその後ごはん
□ おしゃれバーでアレキサンダーを飲む
□ 友達と穴場レストランに行って
コース料理を楽しむ
□ いつもよりもすこ〜し高い
お洋服を買う
□ 実家で美味しいワインをあける
□ カウンセラーさんと深い話を
しながらお酒を楽しむ
□ 1、2泊のプチ旅行に行く
□ 友達のカメラマンに写真を
撮ってもらう
□ 地方の受講生に
会いに行く
イイネ

私の手帳は、ご褒美イベントだらけ。「マッサージを受けに行く」「近くの温泉に行く」みたいに気軽なプチイベントもあれば、「ディズニーランドに行く」「湯河原に行く」「北海道に行く」みたいなビッグイベントもあります。

大事なのは、先に入れてしまうこと。そして、緊急事態でも起きない限り、その予定は絶対にキャンセルしません。

これを続けていくと、「目標を立てる」→「頑張る」→「お祝い・ご褒美」→「さらに次の目標に向けて頑張れる」という、とっても良いサイクルが身についてきます。

ご褒美リストみたいなものを書いておくの

もいいですね。私のご褒美リストを載せておくので、よければ参考にしてください（気に入ったものがあればぜひ真似してくださいね）。

心を守る幸せアクション

スケジュール帳を開いてご褒美の予定を組みましょう。

もし、ご褒美をもらうほど頑張れていないと思っても、とにかく入れるのです。

そしてできれば、「頑張ったからご褒美」ではなく「ご褒美があるから頑張る」を目指しましょう！

●自分の見た目も愛せるように

自分に自信が持てない、強くなりきれない原因が、実は「外見」だったということがあります。人は外見がすべてではないけれど、外見に自信が持てないと気分は上がりませんよね。

10年ほど前、私は外見に対してコンプレックスの塊でした。鏡を見ても、全然テンションが上がらない私には、たくさんの「気に入らない」ポイントがあったのです。

▼外見で気に入らないリスト

- スタイルが良くない（今より10kg太っていました）
- 服がダサい
- O脚で歩き方が変
- 顔が大きい
- メイクが下手くそ
- 髪の毛が傷んでいる
- 写真撮影のときに笑えていない

ポンポン出てくる外見へのコンプレックス……。これら全部、本気で悩んでいたことです。さらに悲劇的なことに、私にはかなり美人な姉がいます。

小さい頃から顔が小さくて目が大きく、おまけにスタイルも良かったのでどんな服を着ても映えます。さらに流行にも敏感だしメイクも上手。いつも周りの人に「きれいだね」「おしゃれだね」と言われていました。

姉と駅で待ち合わせをしたときに、少し遠くにサングラスをかけた姉がいて、姉だと気づかず「あの人きれいだな〜」と憧れてしまい、気づいてからなんかすごく悔しかったのを覚えています（笑）。こんなふうに、20年近くは姉の陰に隠れ、「どうせ私はかわいくないんだ」とひねくれていた私ですが、デザインスクールの代表をやるようになってから、少しずつ意識が変わってきました。

変われたきっかけは、「受講生から憧れられる存在になりたい」と思ったこと。

ＷＥＢデザインのレッスンを、ダサい先生と、イケてる先生、どちらに教わりたいかと考えたときに、絶対にイケてる先生に教わりたい！と思いました。私は受講生にレッスンを楽しんでほしいという気持ちがとても強いので、外見でがっかりさせたくはない！と考えたのです。

それからというもの、外見で気に入らないリストの項目を一つひとつクリアしていく、

「久保の垢抜け大作戦」が始まりました。

　ダイエットも本気でやったし、筋トレもしたし、小顔矯正にも行ったし、ファッションも研究したし、メイクレッスンにも通いました。リストの項目を少しでもなくせるようにと、努力したのです。時間はかかりましたが、努力を続けた結果、あんなにたくさんあったコンプレックスは少しずつ消えていきました。

「気に入らないリスト」ではなく「まぁ割と好きリスト」に変わったのです。

　そして、見た目が変わってからは、見た目で判断する人を嫌だと思わなくなりました。姉に対してのコンプレックスも解消し、「うちのお姉ちゃんはきれいなんです」と、素直に認められるようにもなりました（以前は、姉が褒められるたびに「けっ！」と思ってましたからね、すごい変化です）。

　そして、自分に対しての愛情、自己肯定感も上がりました。

　すると、見た目とは関係のない部分、私の場合は仕事に対する自信とか人前で話すときの姿勢も変わってきたのです。堂々と振る舞えるようになりました。

　筋トレのおかげで猫背も治り、胸を張って歩くようになってから、思考もポジティブになってきました。

そう、見た目が変われば、心も変わる。見た目を変えよう変えようと頑張っていた私は、努力して変わった結果、心も変化したことに気づいたのです。

自分の見た目を自分で好きになるのって、心のケアの意味でも大事。心が疲れているなあ、自分を愛せていないなあと感じたら、気分転換に外見を磨いてみましょう。

女性であれば、痩せる、肌をきれいにする、髪をきれいにする、これが外見の自信につながりやすいです。私も自信のタンクの中身が減りそうになったときはケアをするようにしています。

男性なら、筋トレがおすすめです。体を鍛えると、自然とメンタルも強くなるからです。

心を守る幸せアクション

自分を磨く予定を1つ入れてみましょう。
ジムやヨガの体験会でも、美容院の予約でも大丈夫です。

★人と上手に付き合うための考え方

●依存から卒業する

幸せになるには、まず、幸せから自分を遠ざけるものを捨てることが大事です。そしてあなたを幸せから大きく遠ざけるものの一つに「依存」があります。

依存には、アルコール依存症や薬物依存など、すごく怖いものだけど自分にはあまり関係ないイメージがありませんか？　でも、実はあなたの周りにも「依存」があります。私が定義する「依存」とは、「これがなきゃダメ」「こうでないと幸せになれない」という、とても制限的な考え方のこと。

私も数年前までこの依存的な考え方に縛られていました。「依存」は、みなさんの日常にも意外と隠れているものです。

「この仕事じゃないと私は幸せになれない」

「この人と一緒じゃないと私は幸せになれない」

「これが手に入らないと私は幸せになれない」

こんなこと、思ったことはありませんか？


この状態になっているときって本当につらいですよね。「○○じゃないと、幸せになれない」と思っていると、それを失う恐怖が出てしまうのです。そんなときは、視界が狭くなり、不安もどんどん出てきてしまいます。


ではどうするのか。

まずはあなたの日常に隠れた「じゃないと」を少しずつ手放していきましょう。そうすれば肩の力が抜けて、結果的に欲しいものが手に入ることがあります。


さっきの言葉をちょっとだけ書き換えてみましょう。

「この仕事でも私は幸せになれる」

「この人と一緒だと私はもっと幸せになれる」

「これが手に入ったら私は幸せになれる」

どうですか？　「ほかにも選択肢はあるけども」というニュアンスが出てきませんか？　これだと依存ではなく、可能性や希望となり、結果的に願いが叶いやすくなります。依存が出てくるのは自然なこと。だけど、依存に支配される必要はありません。すぐに考え方が変えられなくても大丈夫。寝る前になんとなく頭の中でイメージしたり、声に出して読んだりしてみてください。気づいたらきっと今よりも幸せに生きられるようになるはずです。

心を守る幸せアクション

あなたの日常に隠れた「～じゃないと」を見つけましょう。見つかったら、それを願望や可能性に変えていきます。毎日イメージしたり声に出したりしていれば、自然と考え方が書き換えられていきますよ。

●「好き」を伝えるから幸せになれる

最近、誰かに好きを伝えましたか？

実は幸せになる練習として、とっても効果的なのが、「好きを伝える」練習です。


私は以前、好きなことを好きというのが苦手でした。

友達と遊んでいて、「○○ちゃんはこういうとこ、すてきだよな」と思っても、言わない！

美味しいな、楽しいな、うれしいな、と思っても、言わない！

とまぁ全然かわいくない人でしたね。

なぜ言えないのか、というと、
・単純に恥ずかしかったり
・私の褒め言葉なんてうれしくないかなと思ったり
・なんか裏があると思われるんじゃないかと思ったり
そんな自意識を過剰に持って言えなくなっていたのでした。

そんな私を、大人になってから大きく変えてくれたのが、愛ちゃんという親友です。愛ちゃんは、その名前のとおり、大きな愛を持ったお友達で、喜怒哀楽をダイナミックに表現する人。私のことを、「なっちゃん大好き～‼」と何度も言ってくれて、久々に会ったときには、「なっちゃんに会えてうれしい‼」と大喜びしていました。

美味しいものを食べると、「美味しいね～！　幸せだね～！」と笑顔いっぱいになり、きれいな景色を見ると、「最高だね～！　私ここ好き！」と大はしゃぎ。

私が凹んでいるときは、「なっちゃんはみんなに愛されているから大丈夫！」「なっちゃんの優しいところが大好き」と応援団ばりの勢いで好きを表現してくれました。

私はそんな愛ちゃんと一緒に過ごしているうちに、好きを素直に表現するようになっていったのです。

好きなものは好きと伝える。一緒にいたい人には、一緒にいてほしいと伝える。こうする習慣ができてから、私はとても自由になった感じがしています。

周りの人も、私の好きを分かってくれて、認めてくれたり、尊重してくれたりするようになったからです。

私の好きなものを見つけてプレゼントしてくれたり、私の好きなことを計画してくれたり。大事な人にも、好きと伝えることで、そばにいてくれるようになりました（これがいちばんうれしいですね）。

さらに、後輩や家族に対しても、ちょっとイラッとしたり違和感を覚えたりしたときほど、あえて伝えるようにもしています。

「なんでこんなミスが起きちゃうの！」という前に、「○○さんと働けて、本当にうれしいと思っているよ」と伝える感じですね。これは別に相手が落ち込まないように、という意味ではありません。不思議なものですが、好きだと伝えることで、相手への愛が勝手に溢れてくるのです。

そうすれば自然とキツい言葉を言ってしまうことがないので円満に終わりますし、相手ももっと頑張ってくれたりします。

そしてこのアクションの良いところは、相手もハッピーになれること。

大切な人に対してダメなところを指摘するよりは、うんと取り組みやすいはずですよ。

心を守る幸せアクション

大切な人、大好きな人に「好き」と伝えましょう。

愛を伝えた数だけ、あなたも愛されて、そして幸せになれます。

●本当に伝えたいことを伝える

人間関係の問題はすごく難しいです。

人それぞれに価値観がある以上、すれ違いは必ず起こってしまう、永遠のテーマであります。お互いに分かり合いたいと思っているのにどうも話が行き詰まってしまう……。こういうときにどうしたらいいか？

最近私が実践している方法があります。それは、「本当に伝えたいことを伝える」という方法です。

え？　それだけ？と思われるかもしれませんが、これが実はとても難しいことでして。大坪さんと仕事のやり方について、朝の4時までぶつかったことがあります。

「なぜ私のやり方を理解してくれないの？」

「なぜ私の思いを聞いてくれないの？」

「なぜそんなむちゃなことをするの？」

こんな台詞を繰り返し続けていて、「ずっとぐるぐるしている」んですね。涙も出るし、すごく苦しいので、一旦立ち止まって考えてみました。

私が本当に伝えたいことは何だろう？

実は、私が本当に伝えたいことを伝えられていませんでした。核心をつかないので、いつまでもぐるぐると回っていたのです。

では、本当に伝えたいことは何だろう？

「私は○○を本当に大切に思っている」

「私はあなたに理解されないことがとても悲しい」

「私は今、とっても不安です」

実は、これでした。

本当はこれを伝えたいのに、伝える勇気がなく、理解してもらえるとも思えないので、何枚もの包みにくるんでしまった結果、怒りのような伝え方になっていたのです。

そして、朝5時頃、本当に伝えたいことを伝えて、お互い笑顔で帰りました（笑）。

コミュニケーションで行き詰まってしまったら、一度冷静になって、本当に伝えたいことは何かを考えて、伝えましょう。すごく勇気のいることですが、コミュニケーションのすれ違いの多くは、この勇気のなさからきているのだと思います。

心を守る幸せアクション

相手に伝えようとした言葉をゆっくり紐解いてみましょう。

あなたが本当に伝えたいことは何でしょうか？

●心に住み着く偽善者にサヨナラを

スクールの受講生、社員、講師、たくさんの人を見てきて私はあることに気づきました。優しさには2つの種類があるということです。

一つは、本当の優しさ。心から人のことを思い、手を差し伸べること。この優しさには愛があり、とても純粋です。

もう一つは、偽善の優しさです。心から人のことを思い、手を差し伸べるように見せかけて、本当は自分のためにやっていること。この優しさには、欲が隠れています。

その欲の正体は、

・私は良い人だって思ってほしい
・私は上なんだと感じたい
・この人を助けなかったらひどいと思われる、それは嫌だ

こんな感じです。

そしてその裏には、自分の向き合うべき課題と向き合いたくないという隠れた希望が

あったりします。偽善は一見優しさに見えます。だから気づかれないことも多いです。
でも、こうした優しさは、「見返りがない」となったときに、一気に破綻してしまいます。
- 助けたのに感謝されない！
- お返しが何もない！
- もっと認めてくれてもいいのに！

そんなふうに優しさが一転して怒りに変わってしまうのです。

本当にしたいことではなかったり、実はそんな余裕はなかったり、自分を大切にできていないと起きる現象だと私は思っています。心当たりがあるという方もいるんじゃないかと思います。

この偽善は自分にも重くのしかかり、人にも良い結果を与えないことが多いもの。だって偽善はたいてい、あなたがちょっと無理をしたり自分のことを我慢したりして成り立っているから。あれ？　もしかして、偽善の優しさかも？と思ったら、手放すことを考えてみましょう。まずは自分が幸せになって、そうなって初めて本当の意味で人に「優しく」できる。

私はこの精神を大切にしているのです。愛のある、本当の優しさを持った人になりたいからです。本当の優しさを持てたときは、心からうれしくなるし、相手のことを幸せに導くことができます。

偽善かな？と思うものをどんどん手放して、ラクになったその先に、本当の優しさがきっとありますよ。

心を守る幸せアクション

見返りを求めてしまう偽善の優しさは、手放しましょう。その偽善をやめても、誰もあなたのことを「ひどい人」「優しくない人」なんて思いません。

●人を許すと自分も許される

真剣に仕事をしているとたまにイライラすることがありますよね。スキルが上がり、できることが増えたときにこれが起こります。

頑張っているのは私だけなの？
みんなもっとしっかりしてほしい！

とイライラする時期が到来します。もちろんその「イライラ」も真剣に生きている証拠。頑張っている証拠なのですが、そのまま放置していると人を傷つけてしまったり、すぐにイラついたり、自分にもイラッとしてしまうこともあるかもしれません。

せっかくお仕事を頑張っているのに、イライラが原因で人間関係を壊したり、チームメンバーやクライアントと距離ができたりしてしまうのは悲しいことです。

私も数年前に頑張りすぎてチームメンバーと距離ができてしまい、しばらく寂しい思いをしたことがあります。あのときはとても孤独でつまらなかった……。

悲しい思いはできればしたくないので、これも対処法をお伝えしたいと思います。

まず大前提としてお伝えしておきたいのは、イラッとしてしまうというあなたは、とても責任感があるということ。人よりも真剣に考えて、人よりも責任を背負って、人よりも覚悟を持って、そうやって生きている証拠です。つまり「本当によくやっている」のです。

もしかしたら怒ったり注意したりする役目を「誰もやらないから、仕方なくやっているんだよ」と思うかもしれませんが、それでも引き受けているあなたは立派です。

まずは、「よくやってるな〜自分！　そうだよく頑張ってる！」と声に出して、自分を認めてください。そう心からつぶやいたら次のステップに行きます。

自分で自分を認めてあげると、不思議なことにイライラした気持ちは少し収まると思います。少なくともイライラマックス！ではなくなるはずです。

そうしたら、一度深呼吸をしましょう。心が落ち着いてきたら、

「もしかすると、ほかのみんなも同じように頑張っているかもしれない？」

「もしかすると、私は頑張っているけど、完璧ではないかもしれない？」

「私も人に助けてもらってることはないだろうか?」

こんなふうにちょっと視点を変えて考えてみてください。自分自身も完璧でないところがあったり、人に助けられていることに気づいたりします。しばらく考えていると、やがて「あれ? そんなに怒らなくてもいいのかも」と思えてくるかもしれません。もしここでそう思えなかったら、無理せずに自分を認めてあげるところまでで大丈夫です。

ですが、少しでもイライラが少なくなったとしたなら、それは、あなたが人を許した、ということです。気づかないことも多いですが、実はすごいことです。

人を許す

自分を許す

言葉では簡単ですが、実際に行うのは難しいもの。練習が必要だと思います。

私も、許せるようになるのに時間がかかりました。でも、許せるようになってからは、私を縛っていた鎖がすべて解けてなくなったかのように、とても生きやすくなりました。

少しずつ人を許す練習をしていくと、不思議ですが、完璧主義で苦しい部分が少しずつ和らいでいって、自分のことを許しやすくなったり、またダメな自分も人に受け入れてもらいやすくなります。

心を守る幸せアクション

イラッとしたのは、あなたが頑張っている証拠。まずは自分の頑張りを認めてあげましょう。
自分にもできていないところがあるし、相手もその人なりに頑張っている。そのことをしっかり受け止めましょう。

●無理に誰かとつながる必要はない

お客さんの前で頑張って作り笑顔、本当は楽しくないのに案件を獲得するためには仕方ない！と無理して誰かとつながろうとしていませんか？

私のスクールではフリーランスを目指している受講生が多く、地元の異業種交流会やオンラインコミュニティに参加して案件を獲得しようとされる人もいます。

ただ、初めは「よし！　頑張るぞ！」と意気込んで行くものの、数回で交流会疲れをしてしまい、「もう無理だ」と諦めてしまうという相談をよく受けます。

もしくはそういった交流の場に行くのが怖い……、と一回も参加したことがないという人もいます。

ＷＥＢデザイナーとして誰かの役に立ちたい気持ちはあるものの、人とつながるのが怖くて動けなくなってしまうんですよね。「久保さんは社交的だから分からないだろう」と思われるかもしれませんが、実はその気持ちはよく分かります。

私は元超人見知り。知らない人と仲良くなるまでに時間がかかるほうでした。交流会に行くときは大坪さんの後ろに隠れて様子を見ながら出ていくスタイル。決して交流が得意なわけではありません。今でもスクールの決起会では緊張して最初おとなしくしていることがあります（笑）。

ですが、人が嫌いなわけではないので自分なりの人見知り攻略法を作りました。人見知りの人でも交流が楽しくなるのでぜひ実践してみてください。

★人見知りでもつながれる！　交流会攻略法★

ステップ①　腹ごしらえする

まずはなんと言っても腹ごしらえ！

交流会では食事や飲み物が出ることが多いです。私はその場に馴染むためにも、心を落ち着かせるためにも腹ごしらえから始めます。

その間に周りを見渡してどんな方が参加されているのかチェックをします。いきなり交流しようとすると緊張してしまうので、まずは準備運動という感じです。

ステップ② 優しそうな人を見つけて話しかける

おなかも気持ちもある程度落ち着いたら、その場にいる人の中で特に優しそうなオーラの人、話しかけやすそうな人に声をかけてみましょう。お仕事につながるかどうかはこのときは考えなくても大丈夫。

まずはその空間に慣れるためにも、その場に溶け込むためにも話しかけやすそうな人と話してみましょう。自分と似たタイプの人や、同じく慣れてなさそうな人は話しかけやすいと思います。

ステップ③ 社交的そうな人を見つけて話しかける

ステップ②をクリアしたら、その人と一緒にさらに交流の輪を広げていきましょう。社交的でその場に慣れている方がいたら頼りになります。一人で話しかけるのが難しくても「誰かと一緒に」だと緊張しません。人見知りだと緊張して忘れがちですが、その場にいる人もみんな交流したいと思って参加しています。初めはちょっと近寄りがたいなと思う人でも意外と優しく交流してくれるはずです。

ステップ④「この人なんか好きだな」と思える人にインタビュー

ある程度交流できたら、そこからは無理に全員に話しかける必要はありません。全員と話さなければ！と思ってしまうと義務感が出てきて、疲れてしまいます。なので「この人なんか好きだな、すてきだな」と感じる人とゆっくり話してみましょう。

何を話したらいいか分からない！という人でも大丈夫。自分が話すのではなくて、相手の話を聞くという方法があります。

仕事はどんなことをしているのか、どんなサービスを販売しているのか、インタビューする気持ちで聞いていくと相手のことが少しずつ分かってきます。自分に興味を持ってくれる人がいるのは、誰でもうれしいものです。ある程度聞いていると、相手からも逆に質問をされると思うので、そのときは自分のことも話してみましょう。ここでデザインのお仕事をしていると伝えて作品を見せられるとＧＯＯＤです。

ただ、あまり初めから仕事を取ろうとはせずに、まずは仲良くなることから始めるのがおすすめです。仲良くなれば自然に仕事につながることは多いのであまり気負わずに会話を楽しみましょう。

ステップ⑤　ＳＮＳを交換して相手をよく知る

最後に忘れてはいけないのが、ＳＮＳでつながることです。名刺交換をしただけでは、その場限りのご縁になってしまいます。ＳＮＳでつながり、あとからでも交流ができるようにしておきましょう。

交流会の場では時間が限られているので、お互いを知りたいと思っても、どうしても時間が足りません。ＳＮＳだとプライベートも知ることができるので、さらにつながりやすくなります。例えばお互いの趣味がキャンプだったりすると、「今度一緒に」と声をかけやすくなります。

いかがでしたか？　この５ステップを使えば交流が苦手な人でも、つながりを作りやすいと思います。

交流会ではあまりお話しすることができなくても、後日ＳＮＳに上げた作品を見て仕事の依頼が来ることがあります。

今はフリーランスで働かれている方がとても多くなってきました。個人ではなくチームを作って活動されている人も多いです。特に地方ではネットでは出ていない交流会があることがあります。オフラインの場に行かないとつながれない人もいますし、「気の合う方がいて、一緒に会社を作ることになった」なんてことも珍しくありません。

オンラインより深い交流ができるので、月1回くらいは参加することをおすすめします。

心を守る幸せアクション

まずは地元の異業種交流会に顔を出してみましょう。

攻略法を使って実際に5人くらいとつながってみてください。

気の合いそうな人がいなかったら無理してつながらなくても大丈夫。

●自分の芝生は金色だと思い込む

目の前のことに必死になっているとすぐ、他人の環境が羨ましくなってしまいます。

（〇〇さんは良いよね、家に帰ったら温かいご飯が待っているんだもん）

（××の部署だったら、もっと早く帰れるのになあ）

こんなふうに思い始めると、だんだん相手に対する嫉妬に変わってしまったり、うまくいかないのを環境のせいにしてしまったり、良いことがありません。

隣の芝生は青い、なんてよくいいますよね。他人の環境が羨ましくなってしまうのはしょうがないことなので、あえて私は、自分の芝生がいちばん輝いているんだと意識的に思うようにしています。

例えば私の場合は、スクールのレッスンや交流会は夜にやっているので、日付が変わる0時より前に家に帰ることはめったにありません。

なので、規則正しい生活ができているスタッフのことを、羨ましいなと思う機会がゼロではありません。時々、「私も夜7時には家に帰って、テレビを見ながらゆっくりご飯を食べたいな」なんて思うこともあります。

でもそういうときはあえて、自分の環境の中で恵まれた部分にフォーカスしたり、相手の環境の大変なところに目を向けるようにしています。

「朝6時に起きて、満員電車に乗っているなんて大変だな……。私は朝はゆっくり起きられるし、電車は空いているから幸せだ」

「私は受講生とワイワイしゃべって元気をもらえるし、ありがとうって直接言ってもらえるから、毎日頑張れているんだな」

こんな感じです。

こうやって考えるようになると、自然と周りへの感謝も生まれてきます。

心の余裕とは、こういうところから生まれてくると思うのです。

隣の芝生は青いけど、自分の芝生は金色に輝いている。

ぜひ意識的に、こう考えてみてください。

心を守る幸せアクション

自分が恵まれているところを考えてみましょう。

また、羨ましいなと思ってしまう相手の環境の大変なところも書いてみてください。そうすれば心に余裕が生まれますし、周りへの感謝も溢れてきます。

★仕事や課題をうまくこなすための考え方

●ラク＝悪じゃない！　もっと近道していいんだよ

会社の後輩や卒業生を見ていると、本当はもっとラクチンにゴールできるはずなのに、わざわざ遠回りしている人が多いなと感じます。

例えば、バナーと呼ばれる広告画像を作るとき。なぜか独学で頑張ろうとする人は、Photoshopという デザインツールの分厚い本を買って、Photoshopの使い方を最初から最後まで全部マスターしようとすることがよくあります。

そのやり方が間違っているわけではないのですが、私から見るとすっごく遠回り。なぜかというと、実際にデザインを作るときに使うのは、Photoshopのほんの一部の機能だけだから。頑張って覚えた機能の大半は使わないんです。

だからうちのスクールでは、実際に使うツールだけに絞って、使い方を教えています。

これで、時間も労力もかなりカットされて、「ラク」になりますよね。

ほかにも、食洗機や高性能の洗濯機を買ってみるのも「ラク」するための努力です。

ただ買うだけではお金の無駄かもしれませんが、食洗機に頼ったことで浮いた時間で副業ができたら……？　むしろプラスになるはず。

食洗機導入のおかげで手荒れも治ったら、一石二鳥。

こういう意外な近道は、みなさんの身近なところにもたくさん潜んでいます。

日本人はまじめな人が多いうえに、「ラクしちゃダメ」と小さい頃から教わってきた人も多いので、なかなかラクができない人が多いんですよね。

でも、もっとラクしていいんです！　正しくラクをしたほうが、人生は充実します。

なので、まずは「もっとラクな方法はないかな？」「どこかに近道があるんじゃないかな？」と考えることから始めてみてください。


もし見つからなければ、あなたの周りにいる早くラクに進んでいそうな人をよくよく観察してみたり、素直に相談してみたりするのも良いです。

「○○に時間がかかっちゃって苦労しているのだけど、どうやってこなしているの？」といった感じで。

ただもちろん、「間違ったラク」もたくさんあります。

決められたルールを守らない、やってと頼まれたことをやらない、見えない部分は手を抜く。これはラクというより怠惰ですね。

怠惰の道を進むのはラクチンですが、進んだ先にゴールはないです。

いつか自分に悪い形で返ってくるので、気をつけましょうね。

心を守る幸せアクション

自分に向けて「ラクしていいんだよ」と許可してあげてください。
取り組む前に、「なんとかラクする方法はないか？」を考えてみましょう。
コツは、ゴールから逆算すること。
本当に必要なものが分かれば、最短ルートが見えてきます。

迷うときも期限を決める

落ち込むときは時間を決めてしっかり落ち込むべし、とお伝えしました。
私はこの気づきを転用させて、悩むときも期限を決めるようにしています。
例えば、私は最近とある起業塾に参加するか悩んでいました。私が前回起業塾に入ったのはもう何年も前のことなので、「うまく環境に馴染めるかな……、でも気になるな……」

そんなふうにぐるぐる悩んでいる自分に気がつきました。

「よし！　1週間後もまだ行きたい気持ちがあったら、予約しちゃおう！」と決めてカレンダーにメモを入れました。そして、結局、1週間後も気になっていたので、講座に申し込みをしたわけです。

結果、初めは緊張したものの今までにないつながりができ、とても楽しかったです。久々に長く仲良くなれそうな気の合う同世代のお友達ができ、その後に講師の方と一緒に仕事ができることにもなりました。


私は普段からよく迷います。

ただ、もし期限を決めていなかったらきっと今も「どうしようかな～、行ってみようかな～、怖いな～」と思ってしまっていたはずです。危うくチャンスを逃してしまっていたかもしれないので、期限を設定しておいてよかったなと思います。

ちなみに、私と同じで優柔不断でなかなか決められない後輩が、面白い特訓方法を教えてくれました。レストランなどでメニューに悩んだら、先に店員さんを呼ぶボタンを押すそうです。店員さんが来てしまったら、何がなんでもメニューを選ぶしかありません。店員さんが来たのに「えーっと、どっちにしようかな」なんて考えていられないので、タイムリミットは、店員さんが席に来るまでの30秒程度です。

ちょっと思い切ったやり方かもしれませんが、決断の良い練習になるので、私も時々真似しています。決断力は練習していけば、だんだん身についていくと私は思っています。

迷ってよく動けなくなってしまっているという方は、ぜひ実践してみてください。

心を守る幸せアクション

今、迷っていることはありますか?

それっていつから迷っていることですか?

その迷いに、とりあえず期限をつけてみましょう。

●時間割を作る

手に職を付けてフリーランスで活動したいけど、時間がなくて難しい！という人。初めの頃は制作作業にも慣れていないので、時間が足りないと感じる人は多いと思います。新しい技術を身につけたい、勉強したいけど忙しくて無理……、と始める前からすでに諦めてしまう人も実際多いです。

特にママさんは仕事に家事に子育てにと大忙し。うまく時間を使わないと回らない！ということも多いと思います。

うちのデザインスクールは、生徒の３割以上がママさんです。受講生の半分がママさんということもありました。

ママさんたちは毎日、忙しいなかでなんとか課題をこなして、締め切りまでにデザインを提出してくれます。私は子育てを経験したことがないのですが、きっと私には想像ができないくらい大変なんだということは分かります。

ママさん以外でも、お仕事が忙しくて、たまたま受講期間の45日と出張期間が重なって常にバタバタな社会人の方もいらっしゃいます。
そんな受講生たちから「忙しい中でいろんなタスクをこなすコツ」を聞かれることがあるのですが、私は、学生の頃みたいに「時間割」を作るのをおすすめしています。
例えば、
5〜6時はデザインの課題タイム
6〜8時は朝ご飯とお弁当作り
8〜9時は掃除と洗濯を一気に終わらせる
みたいに、できれば1時間刻みで、やることを決めておくんです。

これ、お仕事ではキチッと決められている人が多いんですが、プライベートでは決められている人って意外と少ないんです。
YouTubeや海外ドラマを見る時間を決めてしまうのも良いと思います。
「この時間はリフレッシュタイムだから思いっきり遊ぶぞ!」と決めることで、「ああ課題やらなきゃ」「勉強しなきゃ」と思いながらダラダラスマホをいじってしまう、みたいな「無駄時間」も防げますしね。

そして時々、もっと効率化できないか？を考えてみるのもおすすめです。

例えば私は、夜ご飯タイムのあと、リフレッシュがてら海外ドラマを1時間見るのにハマっていましたが、あるとき「お皿洗いの時間と海外ドラマの時間って一緒にできるんじゃない？」と思いついて、やってみました。

ノイズキャンセリング機能付きのイヤホンを使えばお皿洗いの音もそんなに気にならないし、片付けも楽しくできるようになったうえ、1時間も早く寝られるようになりました。

最初から「効率よく」とか「改善」とかを考える必要はないと思います。

まずはやるべきことを整理しながら時間割を作って、時間割どおりに過ごせるようにやってみる。慣れてきたら、「もっと効率よくできるかも！」という視点でどんどん良くしていったら、忙しい人でも自由な時間は少しずつ作れるようになっていくはずです。

心を守る幸せアクション

忙しくて自分の時間を取れていない人は、毎日やるべきことの時間割を作ってみましょう。詰め込みすぎず、学校の時間割みたいに「休み時間」を入れておくのもポイントです。

●気分転換タスクを作る

やる気が出ないわけじゃないけど、なんか腰が重くて取りかかれないってとき、ありませんか?

クリエイティブな仕事は気分に大きく左右されます。乗り気になれないときに無理に仕事を進めるのって、実はすごく疲れます。自分のお尻を叩いて、えいや!と動くのもありですが、ものすごくパワーを使います。

なので私はそんな、腰が重くて動けないとき用の、「気分転換タスク」を作っておくのをおすすめしています。

この気分転換タスクの条件は、3つあります。

①すぐに始められる
②そんなに考えなくてもできる
③割と楽しい

はい、この3つです！

例えば私だったら、

・受講生とのチャットのパトロール
・SNSのコメントのお返事
・デザインの仕事

こんな感じですね。特に、チャットのパトロールは受講生の様子を見られて、とてもやる気が出てきて好きですね。

そして、ちょっと驚かれるかもしれませんが、私にとって、デザインは気分転換タスク。考えるタスクが多くて行き詰まったときにさくっとデザインしています。ストレス解消とも呼んでいます（笑）。

ただ、これは私の場合で、何がこの3つの条件に当てはまるのかは、人によって違います。例えば、メールの返信に腰が重くなる人もいれば、いっさいストレスなく楽しめる人もいますよね。家のことでも、洗濯はすごく苦手だけど、食器を洗うのは楽しい、のように人それぞれ好き嫌いがあるはずです。

いろいろやってみて、あなたの気分転換タスクをぜひ見つけてみてください。そして、気分転換タスクを決めたら、ぜひ腰が重くなったときにやってみましょう。

これは、スポーツでいうところの準備体操にあたります。やっているうちに、体と心が仕事モードになり、「お、良いじゃん、私いけるじゃん！」と、やる気が出てきます。体が温まってきたら、腰の重かった仕事にとりかかりましょう。

あれ？　そんなに力まずにできた！と、なるかもしれません。

もし、それができなくても、少なくとも気分転換タスクは終わっているので、最悪な気持ちにはならないでしょう。

仕事が気分転換になるの⁉と思っちゃう人もいるかもしれませんが、不思議なことに、「これが気分転換タスク」と思ったら本当にそうなります。

仕事で気分転換ができたら一石二鳥。

ぜひ一度騙されたと思ってやってみてください。

心を守る幸せアクション

気分転換タスクを探してみましょう。

ポイントは、①すぐに始められる、②そんなに考えなくてもできる、③割と楽しい、です。隙間時間に気分転換タスクが進むと、リフレッシュできて仕事も進み、爽快な気分が味わえますよ。

●仕事を楽しむコツは、研究者を目指すこと

デザインスキル上達の秘訣は、楽しむこと！と私はよく受講生に伝えています。

楽しんでいれば壁も乗り越えられるし、スキルも自然と上がりやすくなります。

ただ、デザイン力がある程度つくまでは、制作過程で悩むこともありますし、初めの頃は単価が安くなりがちなので不安になるときもありますよね。

誰もがすぐに理想の仕事に転職できるわけではないし、どんな仕事にも頑張りどころや踏ん張りどころはあると思います。初めの1年を乗り越えることができれば、状況はどんどん良くなっていきますから、それを信じて頑張りましょう。

初心者デザイナーの人に初めの1年の乗り越え方を教えるとき、「今、目の前にある仕事を楽しんでほしい」と伝えています。

ポイントは、研究者になること。

例えば、今YouTubeのサムネイルのお仕事をしている人は、どういうデザインなら視聴者がクリックしてくれるのか?をひっそりと研究してみるのです。研究者の気持ちならば、人気のYouTubeチャンネルのデザインをチェックしてみたり、長期的に腕を上げようという気持ちになれたりします。

割と安めの案件を定期的に請け負っているという人は、いかに最速でクオリティの高い作品を作れるか研究することができますよね。ほかにも、ランディングページ制作の仕事をされている人は、ただ制作をしていると思うのではなくて「人間の購買心理を研究している」と思ってみてください。

私は実際に、ランディングページ制作の仕事をしていたときにそう考えていました。ボタンの色は何色が良いか、ヘッダーはどうしたらインパクトを出せるのかを研究していました。仕事ではなくて「研究」と思うと、試行錯誤が実験のように思えて、どんどん楽しくなってくるのです。

私が日々、いろんなところでお伝えしている「楽しく働く」というのは案外難しくなくて、こういうちょっとした気の持ちようで変わることってたくさんあります。

誰かに発表するわけじゃないので、研究結果が間違っていても大丈夫。

ただ、どうせやるなら、やらされている状態ではなくて、前のめりでやりたくなるような工夫はすごく大事です。

そうやって前のめりでこなしていけば、自然と仕事は上手になっていくし、仕事が上手になったら今よりも楽しく仕事ができるようになりますよ。

心を守る幸せアクション

どんな仕事も、結局は研究職。

そう思って自分の仕事に前のめりになることが、仕事を楽しくするいちばんの近道です。

●「完璧」を少しだけ緩めよう

私はいろいろ抜けてしまう部分があるので、いつもキッチリ丁寧にこなしている人を見ると、ついつい憧れてしまいます。

でも、ちゃんとやらなきゃ！という思いが強すぎるせいで苦しめられてきた人もたくさん見てきました。完璧にできない自分は未熟だ。もっと頑張らなきゃ、もっと、もっと。こんな状態は息苦しくて、かなりつらいはずです。

完璧主義の良い部分は、とにかく優秀なところ。ミスが極めて少なくて、仲間や同僚から信頼されていることが多いです。

完璧主義の悪い部分は、挑戦までの足踏みが多いこと。完璧じゃなかったときに必要以上に落ち込んでしまうこと。

「まだ準備できていないから挑戦できない」「もうちょっとスキルをつけてから……」が口癖だったりします。

それから完璧主義の人は、小さい頃から「しっかりしてるね」「頑張ってるね」と褒められてきたことが多いので、なかなか完璧主義をやめられない人が多いです。

そんな人には、完璧の定義を書き換える方法をおすすめしています。完璧というと、欠点が一つもない状態、100点の状態だと認識している人が多いですが、私は、「前回の自分よりも優れていること」を完璧だととらえるようにしたのです。

前回の自分が60点なら、61点以上取ればいい。もちろん最終的には100点を目指すけれど、今すぐ40点を埋めようとしなくていいのです。

そうすれば、今より劣ることもないし、凹みすぎる必要もない。幸せに、成長し続けることができるのです。

「完璧主義」は卒業しなくて大丈夫。

ただ、「完璧」の定義を、ちょこっとだけ緩めに書き換えましょう。

心を守る幸せアクション

「完璧」とは、昨日の自分よりも良い状態であること。

欠点が残っていても、昨日よりも良くできていたら「完璧だ！」と声に出してみてください。落ち込むことも、無駄に足踏みしてしまうことも減るはずです。

●本当にやりたい「センターピン」を見つける

「デザインに興味があるけど、ライティングもやってみたくて……」

「お仕事を頑張ってキャリアを積みたいけど、プライベートも充実させたい……」

スクールの代表、そして一企業のNo.2の立場にいると、こんな相談をよく受けます。

やりたいことがたくさんあるのはとってもすてきなことですし、どれも叶えましょう！

と思うのですが、やっぱりすべてを同時にこなすのは、難しい。

私も今となってはデザイン、ライティング、動画編集、コーチング……いろいろできるようになりましたし、仕事もプライベートも両方好きなようにできていますが、同時に叶えられたわけではありません。なのでやっぱり、やりたいことには優先順位をつける必要があります。

ただし、優先順位をつけるときにはポイントが。これは私のアイデアではなく、大坪さんから教わったことなのですが、やりたいことはボウリングのピンみたいに考えるといいです。ボウリングって、真ん中に立ててあるセンターピンに上手に当てると一気に倒れていきますよね。10本のピンを倒すために10回もボールを投げる必要はないですし、上手に当てれば、1回で倒れちゃうはずです。この仕組みが、私たちの「やりたいこと」でも活かせるんです。

どんなスキルを身につけたいか、を考えるときも、どれからつけると効率が良いか、どれがセンターピンなのかを考えるようにすると、判断しやすかったりします。

例えば、デザインと動画編集なら、私はデザインを先に勉強するのをすすめています。

というのも、デザインするときに動画編集のスキルはいらないですが、動画編集をするときにはデザインのスキルが必要になってくるからです。

動画編集にデザインスキルが必要なら、先にデザインを学んじゃったほうが良いじゃないか、と思うのです。

いろいろ叶えたいと思うのはすごく良いこと。全部叶えるためにもぜひ、優先順位をつけて、センターピンから狙ってみてください。

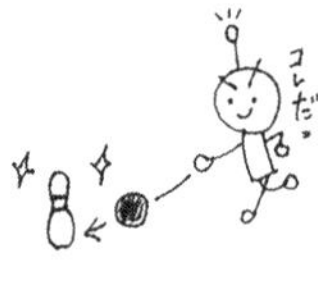

心を守る幸せアクション

どれから叶えたら効率が良さそうか、考えてみてください。

10個の夢を叶えるために10回努力する必要は意外とないのです。

●「べき」は幸せを遠ざける危険信号

・すべき
・すべきではない

などなど、ついつい自分や他人に言ってしまいがちな人はいませんか？

「お母さんだから我慢すべき」
「後輩なんだから先に来るべき」
私たちの周りにはたくさんの「べき」が落ちていますね。

実は、一時期の私は、「べき」が口癖になっている「べきレンジャー」になってしまっていました。これは、自分に厳しく頑張っている人ほど陥りがちで、ついつい、自分も周りも厳しいルールで縛り付けてしまうのです。

でも、これはとっても危険。
「べき」ばかり使っていても、幸せにはなれないからです。

「べき」というのは、固定観念。イメージするなら、カッチカチに固まった氷のようなものです。この状態だと自分にも周りにも攻撃的になってしまいがちですし、少しでも「べき」のとおりにできていない自分がいれば、ひどく落ち込んでしまいます。

それに、「べき」という言葉はあくまで受け身。

「デザインをやりたい」と「デザインをすべき」では、なんだか2つ目のほうがやらされている感じ、自分の意志でやっていない感じがしませんか？

なんだかうまくいかないな、頑張っているのにつらいだけだなと思ったときには、口癖が「べき」になっていないか意識してほしいなと思います。

そして、もし「べき」を使ってしまっていたら、あえて「～したい」「～しなくてもいいかも？」と声に出して言い換えてみてください。

「仕事だから頑張るべき」↓「仕事だから頑張りたい」「仕事だけど頑張らなくてもいいかも？」

「お母さんだから我慢すべき」↓「お母さんだから、子どものためになることをしたい」「お母さんだけど、我慢しなくてもいいかも？」

これを言うだけですぐに、「べき」から卒業できるわけではありません。ですが根気強く何度も何度も声に出すようにすれば、自然と脳も書き換えられます。

心を守る幸せアクション

「べき」を使っていたら要注意。
意識して「したい」「しなくてもいいかも?」と言い換えてみましょう!
「べき」思考から卒業できたら、幸せにうんと近づきます。

★これからもっと幸せになっていくための考え方

●お金があれば、本当に幸せ？

「もっとお金があったら幸せになれるのに」と、考えたことがある人は多いと思います。確かにお金持ちは幸せなイメージがなんとなくありますし、もしもお金が無限にあれば好きな服も買い放題、旅行にも行き放題です。

でも、「お金があれば幸せになれる」という定義は間違っていると私は思います。

確かに、「お金がなくて不幸せな人」はいます。

もしかしたら、今この本を手に取ってくれている人のなかにもいるかもしれないですね。お金がなくて欲しいものが買えなかったり、今月生きるのもギリギリだったり。

私も昔はお金に余裕がなくて、銀行口座がすっからかんになり、姉に頭を下げてお金を借りた苦い経験があります。そのときはコンビニのおにぎりすら買えず、実家にあるお米で塩おにぎりを作って食べていました。

でも、「お金持ちで不幸せな人」もこの世にはたくさんいます。

「えーっと、お金があれば幸せなんじゃ……？」と思うかもしれませんが、実際にお金をたくさん持っているのにうつ病になってしまったり、SNSではすごく楽しそうにしているけれど、プライベートでは全然笑えていないような人を私はたくさん見てきました。

金銭的に余裕がある人に心の余裕があるのは事実だと思います。でも、お金があっても得られない幸せがあるということも知っておいてほしいなと思うのです。

《お金がもたらす幸せ》

- 自分に自信が持てる
- 将来の不安が消える
- 生きる環境が豊かになる
- 人に与えられるものが増える
- 衣食住の不自由がなくなる
- 社会的地位を得られる

《お金だけでは得られない幸せ》

- 人に愛される喜び
- 友人との心温まる時間
- 人からの尊敬や信頼

などなど。

お金がもたらす幸せと比べて、どうでしょうか？　もちろんどちらも捨て難いのですが、私はお金だけでは得られない幸せのほうがずっと好きです。誰かを愛したり、誰かに愛されたりする幸せ、誰かに信頼してもらう幸せは、お金では買えません。

お金がもたらすのは、見た目の幸せ。そして人間関係がもたらすのは、心の幸せ。私たちはお金だけあっても幸せになれないし、人間関係に飢えていれば、心が貧しくなります。

そして時に人は、お金に目が行くあまり、いちばん大切なものを失ってしまうことがあります。例えば家族のためにと思って必死に働いているお父さんが、気づけば家族との時間を失い、自分の幸せはもちろん家族の幸せまで失ってしまったり。

幸せになりたいから頑張るのに、いちばん大切な幸せを失ってしまうのです。こんなに悲しいことはありません。

少なくとも「お金があれば家族は幸せになるだろう」という考えさえ捨てていれば、いちばん大切な幸せを失うことはなかったはずです。

ぜひ一度本を閉じて、あなたにとって本当に大切な幸せとは何かを、考えてみてください。きっとそれは、お金では買えないはずです。

心を守る幸せアクション

あなたにとって〝本当の〟幸せは何か考えてみましょう。

現時点で思うもので大丈夫です。正解や不正解はありません。

本当の幸せが見つかったら手帳の目立つところに書いておくのがおすすめ！

定期的に思い出すべき、大事な軸です。

●自分と向き合う手帳タイムを作る

私にはどれだけ忙しくても大切にしている時間があります。それは、毎週日曜の夜に入れている手帳タイム。

お気に入りの紅茶を入れて、お気に入りの手帳を広げて、今週の振り返りと来週のスケジュールを考えるのです。何を書くかはその日の気分によっても変わるのですが、だいたいこんなことを書いています。

- 今週楽しかったこと、うれしかったこと
- 今週特に頑張ったこと
- 今週成長できたと思うこと
- 来週の予定
- 来週のテーマや目標
- 来週できたらうれしいこと

ポイントは、自分に優しく語りかけるように問うことです。あくまでも「私がもっと毎日楽しく生きるため」の調査であって、苦痛になってしまっては意味がありません。

どうしても忙しかったり、なぜか書く気になれなかったりするときはそのことを素直に手帳に書き込んで、10分くらいで終えてしまうこともありますが、毎週必ずやっています。

この、週に1回の自分を見つめ直す時間があるから、私はなんのために頑張っているかを見失うことはありません。

といっても、私もかつては、「計画や目標を立てたり振り返ったりする時間があれば、タスクを一つでも多くこなしたい！」と思っていました。自分のことを、そのくらい忙しいと思っていたのです。

けれど、あとあと分かったのは、ちゃんと計画を立てたり振り返ったりしないから忙しくしていたんだということ。忙しいから手帳を書く暇がないと思っていたのですが、手帳を書かないから忙しかったのです。

週に1回というのはあくまで私にとって心地のよいペースなので、1日10分でも、3日に1回でも大丈夫です。

ぜひ、自分と向き合って目標を立てたり振り返ったりする手帳タイムをみなさんもやってみてください。やる前とあとでは、日々の幸せ感が全然違いますよ。

心を守る幸せアクション

手帳タイムを予定に入れましょう。月曜日から新しい気持ちで仕事ができるように、日曜日の夜に時間を作るのがおすすめです。

●自分の人生を考える時間は、定期的に設けてあげる

「ご褒美イベント」や「手帳タイム」など、自分のために時間を使う大切さは、すでにお伝えしてきました。

ただ、ここでお伝えしたい「自分の人生を考える時間」は、もっともっと壮大で大事なことです。

私たちは毎日、仕事に家庭に、いろんなことに追われています。忙しく頑張るのは良いことなんですが、ついつい、自分がどうなりたいのかを見失ってしまいがち。

私だって、本当はどうなりたいのか、どんな人生にしたいのかが分からなくなることはしょっちゅうです。だからこそ、自分の人生としっかり向き合う時間は、ちゃんと用意すべきです。でないと、ある日突然、なんのために頑張っているか分からなくなって涙が止まらなくなったり、エネルギーが出なくなったりしてしまいます。

私の場合は、1カ月に1回、心理カウンセラーの先生のもとに通っています。

ここでポイントなのは、悩みがあるからカウンセリングに行くわけではないこと。悩んでいるからカウンセリングの予約を入れるのではなくて、カウンセリングを受けたその日に次のカウンセリングの予約を入れておくのです。

私がお世話になっているカウンセリングの先生は、東京の端っこのほうの自然豊かな場所に住んでいて、私の住む家からは片道2時間ほどかかります。その2時間で、どんどん緑に染まっていく窓の外の景色を眺めながら、ここ1カ月の自分を振り返って、どんなことが大変だったか、どんなことを相談しようかを考えるのです。

悩みがまったく出てこない日もあります（そういう日のほうが多いかもしれません）。それでも、さすがはプロのカウンセラー。雑談をしているうちに私の心の奥に隠れていた悩みがドンドコ出てきて、気づいたら涙を流していることもあります。

涙を流して、自分の気持ちに気づいて、スッキリして、また帰りは2時間かけて電車に揺られながら、これからどうしようかを考えるのです。

カウンセリングではなくても、コーチングや占いの先生でもいいと思います。手帳だけ持ってカフェにこもるのもおすすめ。とにかく定期的に、自分と向き合って自分の人生を考えるのです。

これは、即幸せになれることではないですが、長い目で人生や幸せを考えたときに、すごく意味を持ってくるので、ぜひ後回しにせず取り組んでみてください。

心を守る幸せアクション

最低でも1カ月に1回、自分自身と本気で向き合う時間を作ってあげましょう。カウンセラーやコーチの力を頼ってみるのもおすすめです。

普段忙しくしているときには気づけなかった、自分の心の奥にある気持ちに気づくことが幸せマインドのポイントです。

●幸せになると決める

いよいよこれが最後のアドバイスです。みなさん、幸せになるんだと決めてください。

「ん？　久保さんは何を言っているんだ？」

「幸せになりたいからここまで読んでいるんだけど」

と思った方、きっといると思います。いきなり変なことを書いてすみません（笑）。

私もここを理解するのには本当に時間がかかりました。

なので、読んで今すぐ理解しなくても大丈夫です。ただ、すごくすごく大事なことなので「久保さんがなんか難しいことを書いていたな」くらいの感じで頭の隅っこに置いてくれるとうれしいです。

「幸せになりたい」と「幸せになる」は、意味がまったく違います。

「幸せになりたい」は、どこか他人任せ。幸せになれる方法を模索しながら、いつか幸せになれるといいな、くらいのイメージです。

一方で「幸せになる」は、自己責任。何がなんでも幸せになる、みたいなイメージで、幸せになるためなら手段を選ばないことです。

移動で考えてみると、分かりやすいかもしれません。12時に池袋に行くという予定があったとします。でもその日はなんと、人身事故で電車が止まってしまっていました。もし、「12時に池袋に行きたいな」という気持ちだったら、池袋に向かうのは諦めて、もし仕事だったら「すみません……電車が止まっていて……」なんて連絡すると思います。

でももしも、それがずっと大好きだった世界的スターの来日イベントで、その日を逃すともう一生チャンスが来ないとしたら……?

タクシーを必死で捕まえて向かったり、自転車を借りたり、走ったり、電車以外の手段はいくらでもあります。電車が止まるのはよくあることだから、と前日から池袋に泊まっておくなんて手段もあり得ます。とにかく何がなんでも目的地に向かう、この姿勢こそが幸せになると決めることなのです。

幸せはゴールではなく状態です。仮に今日が幸せだとしても明日はすごく嫌なことがあるかもしれません。それでもあなたが幸せになりたいなら、自分で自分を幸せにするしかないのです。

あなたのことを幸せにできるのはあなただけ。

親も、恋人も、子どもも、上司も、誰もあなたを幸せにはしてくれません。「この人と結婚できたら幸せになれる」「フリーランスになったら幸せになれる」みたいなものでもありません。それでも、幸せになると決めたら、今日からでも、幸せになることはできます。

最後の最後に、私から幸せになるヒントを1つお伝えしますね。

それは、幸せを目指す過程を楽しむこと。

この本でお伝えしてきたことはあくまで私の幸せの研究結果。

みなさんにはそれぞれ、合う合わないがあると思います。

自分にはどんなやり方が合うのか、どうすれば幸せを感じるのか、ぜひその研究過程を楽しんでください。幸せを研究することが幸せ、なんて状態になればもう、最強だと思いませんか？

心を守る幸せアクション

「私は、幸せになると決めました」と声に出して言ってみましょう。
そして今日から、自分にとっての幸せを研究する旅を、楽しんでください。

おわりに

最後まで読んでくださって、ありがとうございます。

この本では、私の人生が激変した話を包み隠さず書きました。

「できれば働きたくないけど、ＷＥＢデザイナーにはなりたい」

そんなふわっとした目標を持った根性なしの私。

ポンコツで周りに心配され続けていた私でしたが、たくさんの方の力を借りて、なんとかプロのＷＥＢデザイナーになる夢を叶え、そして、デザインスクールの校長先生にもなることができました。

仕事＝我慢するもの、と思っていた私が、

仕事＝大好きなもの、と思えるようになりました。

仕事が大好き！　仕事に生きている！と言うと、なんだか昭和な響きがするかもしれませんが、いろいろと経験してきた今では、1日8時間好きなことをして社会の役に立てていると、人生がとても充実すると確信しています。

実は今もこの原稿を熊本県の湯前で執筆しています。

お友達の起業家さんにワーケーションに誘っていただき、1週間ほど滞在する予定ですが、九州の各地から受講生が集まってくれて、夜は一緒にキャンプをしたり飲み会を開催したりする予定です（今みんなはちょうど夜の飲み会のために買い出しをしてくれています）。

人生諦めなければ、何が起こるか分からないものだな、と時々人生を振り返ってしみじみ思います。

たった一つの憧れを抱いてから、私の人生は大きく変わりました。

今あなたが、人生がうまくいかずに悩んでいるとしたら、なんでもいいから、何かやりたいことや目標をもってみてほしいと思います。少しでも憧れるお仕事があったら、それがきっかけで人生は動き始めるかもしれません。

大変なことはあるかもしれませんが、間違いなく今よりも楽しく、充実してキラキラ輝くはずです。

根性なしの私でも一丁前に働けているのだから、あなたにもきっとできます。

最後にこの言葉をお贈りしたいと思います。実業家、作家の高橋 歩さんの名言をお借りして作った、私のお守り言葉です。

「夢は逃げない、私も逃げない、だから必ず叶う」

あなたの人生が今よりずっと輝くように、いつも応援しています。

【著者プロフィール】

久保 なつ美（くぼ なつみ）

株式会社日本デザイン　WEBディレクター・WEBデザイナー・動画クリエイター
20歳、WEBデザイン業界を目指すが、未経験のため一次選考で15社に落ち、プチうつに。

22歳、雑誌の編集部になんとか受かるが、過酷さに耐えられず早々に辞める。

24歳、WEB業界に転身。念願のWEBデザインの仕事に就くが、センスがないと怒られる。

26歳、大坪拓摩（現日本デザイン代表取締役）と出会い、根性を認められアシスタントで雇ってもらう。

それから4年間、理念やルールに基づいたセールスデザインを一から叩き込まれ、デザイン力が奇跡的に向上！　紹介のみで仕事が埋まる売れっ子デザイナーとなり、動画制作・YouTubeプロデュースなどクリエイティブな仕事を幅広く請け負う。

2015年9月、自身のこれまでの経験（もともとのセンスのなさも！）を活かして「現役デザイナーが教える」「センスはいらない」というコンセプトで日本デザインスクールを設立。現役としても活動を続けながら、全国2500人以上の受講生を45日という超短期間でプロのWEBデザイナーに育てる。座右の銘はウォルト・ディズニーの「夢は必ず叶う！」。

本書についての
ご意見・ご感想はコチラ

根性なしが
WEBデザイナーに憧れて

2024年6月27日　第1刷発行

著　者　　久保なつ美
発行人　　久保田貴幸

発行元　　株式会社 幻冬舎メディアコンサルティング
〒151-0051　東京都渋谷区千駄ヶ谷4-9-7
電話　03-5411-6440（編集）

発売元　　株式会社 幻冬舎
〒151-0051　東京都渋谷区千駄ヶ谷4-9-7
電話　03-5411-6222（営業）

印刷・製本　中央精版印刷株式会社
装　丁　　田口美希
イラスト　久保なつ美

検印廃止

ISBN 978-4-344-93070-4 C0095
幻冬舎メディアコンサルティングＨＰ
https://www.gentosha-mc.com/